青海省动物寄生虫名录

A LIST OF ANIMAL PARASITES IN QINGHAI PROVINCE

蔡进忠　雷萌桐　主编

中国农业出版社

农村读物出版社

北　京

编 者 名 单

主　编　蔡进忠（青海省畜牧兽医科学院）

　　　　雷萌桐（青海省畜牧兽医科学院）

副主编　李春花（青海省畜牧兽医科学院）

参　编　马豆豆（青海省畜牧兽医科学院）

　　　　李生庆（青海省畜牧兽医科学院）

　　　　韩　元（青海省畜牧兽医科学院）

　　　　孙　建（青海省畜牧兽医科学院）

　　　　王　芳（青海省畜禽遗传资源保护利用中心）

　　　　胡国元（青海省畜牧兽医科学院）

　　　　宋永武（青海省海北藏族自治州刚察县畜牧兽医站）

审　校　黄　兵（中国农业科学院上海兽医研究所）

资 助 项 目

青海省农业农村厅资助专项：

青海省动物寄生虫病流行病学调查研究（2009-QNMY-06）

国家自然科学基金项目：

青藏高原牦牛犊寄生蠕虫感染动态研究（31060340）

青海省科学技术厅资助项目：

放牧绵羊主要寄生虫病防治新技术示范与推广（2013-N-511）

农业部公益性行业（农业）科研专项：

放牧动物蠕虫病防控技术研究与示范（201303037）

青海省科学技术厅：

牦牛体内外寄生虫病高效低残留防治新技术集成与示范
（2015-NK-511）

青海省科学技术厅资助专项：

放牧家畜主要寄生虫病高效低残留防治技术示范与推广
（2016-NK-137）

国家外专局资助专项：

高原放牧家畜隐孢子虫病流行病学调查研究（H20116300007，
20146300024，H20156300011）

高原放牧牦牛藏羊隐孢子虫病、球虫病流行病学调查研究
（20126300054，20136300030）

利用中藏药防治三江源区牦牛线虫病的研究（20136300025）

放牧动物寄生虫病高效低残留防治新技术引进与示范
（Y20166300003，HY2017630001，Y2018630000）

科技部国家重点研发计划：

青藏高原牦牛高效安全养殖技术应用与示范-课题5：牦牛
重要疫病防控技术集成与应用（2018YFD0502305）

科技部国家重点研发计划：

畜禽重大疫病防控与高效安全养殖综合技术研发-课题 6：家畜寄生虫病防控新制剂和合理用药新技术 2017YFD0501206）

青海省科技厅重大科技专项：

牦牛提质增效技术集成与产业化示范-课题 7：牦牛寄生虫病高效低残留防治新技术集成示范（2016 - NK - A7 - B7）

依托平台：

青海省牛产业科技创新平台

青海省动物疾病病原诊断与绿色防控技术研究重点实验室

前　言

　　本书分别介绍了青海省各种畜禽和部分野生动物寄生虫的中文名、学名、宿主和寄生部位及分布情况，收载了青海省畜禽原虫、吸虫、绦虫和节肢动物共 387 种，隶属于 7 门 10 纲 26 目 71 科 130 属，其中，原虫 71 种；吸虫 19 种；绦虫 27 种；线虫 153；节肢动物 117 种，分别寄生于马、驴、骡、黄牛、牦牛、牛、绵羊、山羊、猪、犬、猫、兔、鸡等多种家养畜禽，以及黄羊、岩羊、藏原羚、鹿、高原鼠兔、狼、狐狸等野生动物，为有效控制畜禽寄生虫病的流行提供了相关的基础信息。

　　青海省位于青藏高原东北部，素有"世界屋脊"和第三极之称，山脉绵亘，地势高峻，地貌复杂。全省由西北—东南或东西向的阿尔金山、祁连山、昆仑山和唐古拉山等山系构成地形骨架。按总的地形结构特征，可分为祁连山地、柴达木盆地和青南高原三大区。地形由西向东倾斜。长江、黄河、澜沧江均发原于境内。全省面积 72 千米^2，牧业区占全省总面积的 95.5%，牧业区平均海拔在 3 000 米以上，地域辽阔，是我国主要的草原畜牧业地区之一。

　　寄生虫病是放牧家畜的一大类重要疫病。寄生虫的侵袭，造成青海省草原畜牧业的严重损失。其中，许多人兽共患寄生虫病还可危害公共卫生安全与人类健康。要防治寄生虫病，就必须掌握寄生虫全貌。中华人民共和国成立以来的半个多世纪，青海省许多兽医学与寄生虫学科技工作者对各地的畜禽寄生虫区系进行了调查，形成了许多调查报告，为掌握青海省家畜家禽寄生虫的种类和分布状况现状，我们在整理以往调查研究结果和相关资料的基础上，收集近年来的调查研究成果与部分野生动物寄生虫调查结果，编撰了《青海省动物寄生虫名录》。本书概括介绍了青海省家畜家禽及部分野生动物的各种寄生虫，较全面地反映了迄今各种寄生虫在全省的分布状况，以便于读者对青海省家畜家禽寄生虫全貌进行了解，为寄生虫学的深入研究提供基础资料，也为制订畜禽寄生虫病和人兽共患寄生虫病的防治规划提供依据。同时，还可用于开展学术交流。

　　本书的编排顺序与《中国家畜家禽寄生虫名录》一致，即按原虫、吸虫、绦虫、线虫、节肢动物排序，每个虫种包括种名（中文名、拉丁名、命名人、命名年）、宿主与寄生部位、地理分布等 3 部分。

　　本书的编写主要按赵辉元主编的《畜禽寄生虫与防制学》一书的寄生虫分类系统进行，即原虫主要按 Levine（1985）的分类系统，吸虫和绦虫主要参照 La Rue（1957）

和 Yamaguti（1971）的分类系统，线虫主要按 Yamaguti
(1961)、孔繁瑶（2002）的分类系统，节肢动物主要按
Krantz（1978）、金大雄（1996）、陈天铎（1996）、李贵真
（1996）、刘德山（1996）等的分类系统进行分类。

　　由于本书的编写工作量大，鉴于编者的能力和学识
有限，书中可能存在许多不足之处，敬请读者指正。

编　者

2020 年 6 月

目　　录

目 录

目　录

第一部分 原 虫

肉足鞭毛门 Sarcomastigophora Honigberg et Balamuth，1963

动物鞭毛虫纲 Zoomastigophora Calkins，1909

动基体目 Kinetoplastorida Honigberg，1963

1 锥虫科 Trypanosomatidae Dolfein，1901

1.1 锥虫属 *Trypanosoma* Gruby，1843

    1. 1.1.1 马媾疫锥虫 *T. equiperdum* Doflein，1901

    宿主与寄生部位：马。生殖器官。

    地理分布：西宁、湟源、共和、贵南、治多、门源。

1.2 利什曼属 *Leishmania* Ross，1903

    2. 1.2.1 杜氏利什曼虫 *L. donovani* (Laveran et Mesnil，1903) Ross，1903

    宿主与寄生部位：犬。网状内皮系统、血液、皮肤、巨噬细胞。

    地理分布：西宁。

双滴虫目 Diplomonadida Wenyon，1926

2 六鞭原虫科 Hexamitidae Kent，1880

2.1 贾第属 *Giardia* Kunstler，1882

    3. 2.1.1 蓝氏贾第鞭毛虫 *G. lamblia* Stiles，1915

宿主与寄生部位：牦牛、黄牛、犬。小肠、大肠。

地理分布：湟源、治多。

毛滴虫目　Trichomonadida Kirby，1947

3 单尾滴虫科　Monocercomonadidae Kirby，1947

3.1 组织滴虫属　*Histomonas* Tyzzer，1920

4.　3.1.1 火鸡组织滴虫　*H. meleagridis* Tyzzer，1920

宿主与寄生部位：鸡。盲肠、肝。

地理分布：湟源、平安、互助、民和。

顶器复合门　Apicomplexa Levine，1970

类锥体纲　Conoidasi Levine，1988

真球虫目　Eucoccidiorida Léger et Duboscq，1910

4 隐孢子虫科　Cryptosporidiidae Léger，1911

4.1 隐孢子虫属　*Cryptosporidium* Tyzzer，1907

5.　4.1.1 鼠隐孢子虫　*C. muris* Tyzzer，1907

宿主与寄生部位：奶牛、黄牛、牦牛。胃、小肠、大肠。

地理分布：西宁、玉树。

6.　4.1.2 微小隐孢子虫　*C. parvum* Tyzzer，1912

宿主与寄生部位：奶牛、牦牛。小肠、大肠。

地理分布：西宁、祁连、刚察、共和、达日、玉树。

7.　4.1.3 牛隐孢子虫　*C. bovis*　Fayer，Santín et Xiao，2005

宿主与寄生部位：牦牛。小肠、大肠。

地理分布：湟源、祁连、刚察、共和、兴海、乌兰、河南、达日、治多。

8. 4.1.4瑞氏隐孢子虫 *C. ryanae* Fayer，Santín et Trout，2008

宿主与寄生部位：牦牛。小肠、大肠。

地理分布：湟源、祁连、刚察、乌兰、河南、治多。

9. 4.1.5隐孢子虫未定种 *C.* spp.，2011

宿主与寄生部位：牦牛。小肠、大肠。

地理分布：湟源、共和。

5 艾美耳科 Eimeriidae Minchin，1903

5.1 艾美耳属 *Eimeria* Schneider，1875

10. 5.1.1 堆型艾美耳球虫 *E. acervulina* Tyzzer，1929

宿主与寄生部位：鸡。小肠前段。

地理分布：西宁、民和。

11. 5.1.2 阿沙塔艾美耳球虫 *E. ahsata* Honess，1942

宿主与寄生部位：绵羊。小肠。

地理分布：西宁、民和、祁连。

12. 5.1.3 阿拉巴马艾美耳球虫 *E. alabamensis* Christensen，1941

宿主与寄生部位：黄牛、牦牛。肠道。

地理分布：贵德、祁连、达日、治多。

13. 5.1.4 阿氏艾美耳球虫 *E. arloingi*（Marotel，1905）Martin，1909

宿主与寄生部位：绵羊。小肠。

地理分布：西宁、民和。

14. 5.1.5 奥博艾美耳球虫 *E. auburnensis* Christensen et Porter，1939

同物异名：孟买艾美耳球虫 *E. bombayansis* Rao et Hiregaudar，1930

宿主与寄生部位：黄牛、牦牛。肠道。

地理分布：祁连、达日、班玛。

15. 5.1.6 巴库艾美耳球虫 *E. bakuensis* Musaev，1970

同物异名：绵羊艾美耳球虫 *E. ovina* Levine et Ivens，1970

宿主与寄生部位：绵羊。小肠。

地理分布：互助、祁连。

16. 5.1.7 牛艾美耳球虫 *E. bovis*（Züblin，1908）Fiebiger，1912

宿主与寄生部位：黄牛、奶牛、牦牛。小肠、盲肠、结肠。

地理分布：西宁、祁连、达日、河南、治多。

17. 5.1.8 巴西利亚艾美耳球虫 *E. brasiliensis* Torres et Ramos，1939

宿主与寄生部位：黄牛、牦牛。小肠、结肠。

地理分布：西宁、祁连、达日、河南、治多。

18. 5.1.9 布氏艾美耳球虫 *E. brunetti* Levine，1942

宿主与寄生部位：鸡。小肠前段、盲肠、直肠。

地理分布：西宁、民和。

19. 5.1.10 巴克朗艾美耳球虫 *E. bukidnonensis* Tubangui，1931

宿主与寄生部位：黄牛、牦牛。小肠、结肠。

地理分布：西宁、治多。

20. 5.1.11 加拿大艾美耳球虫 *E. canadensis* Bruce，1921

宿主与寄生部位：黄牛、牦牛。小肠、结肠。

地理分布：西宁、祁连、达日、河南、治多。

21. 5.1.12 山羊艾美耳球虫 *E. caprina* Lima，1979

宿主与寄生部位：绵羊、山羊。肠道。

地理分布：西宁、民和。

22. 5.1.13 槌状艾美耳球虫 *E. crandallis* Honess，1942

宿主与寄生部位：绵羊、山羊。肠道。

地理分布：西宁、民和、祁连。

23. 5.1.14 圆柱状艾美耳球虫 *E. cylindrica* Wilson，1931

宿主与寄生部位：牦牛。小肠、结肠。

地理分布：西宁、祁连、班玛、治多。

24. 5.1.15 蒂氏艾美耳球虫 *E. debliecki* Douwes，1921

宿主与寄生部位：猪。小肠前段、盲肠、结肠。

地理分布：湟源。

25. 5.1.16 椭圆艾美耳球虫 *E. ellipsoidalis* Becker et Frye，1929

宿主与寄生部位：黄牛、牦牛。小肠、结肠。

地理分布：西宁、祁连、治多。

26. 5.1.17 福氏艾美耳球虫 *E. faurei* （Moussu et Marotel，1902）Martin，1909

宿主与寄生部位：绵羊。小肠。

地理分布：西宁、民和、祁连。

27. 5.1.18 颗粒艾美耳球虫 *E. granulosa* Christensen，1938

宿主与寄生部位：绵羊。肠道。

地理分布：西宁、民和、祁连。

28. 5.1.19 哈氏艾美耳球虫 *E. hagani* Levine，1938

宿主与寄生部位：鸡。小肠前段。

地理分布：民和。

29. 5.1.20 伊利诺斯艾美耳球虫 *E. illinoisensis* Levine et Ivens，1967

宿主与寄生部位：牦牛。肠道。

地理分布：河南、治多。

30. 5.1.21 肠艾美耳球虫 *E. intestinalis* Cheissin，1948

宿主与寄生部位：兔。小肠。

地理分布：湟中。

31. 5.1.22 错乱艾美耳球虫 *E. intricata* Spiegl，1925

宿主与寄生部位：绵羊。小肠、大肠。

地理分布：西宁、民和、祁连。

32. 5.1.23 无残艾美耳球虫 *E. irresidua* Kessel et Jankiewicz，1931

宿主与寄生部位：兔。小肠。

地理分布：湟源。

33. 5.1.24 兔艾美耳球虫 *E. leporis* Nieschulz，1923

宿主与寄生部位：兔。肠。

地理分布：湟源。

34. 5.1.25 大型艾美耳球虫 *E. magna* Pérard，1925

宿主与寄生部位：兔。小肠中后段、盲肠。

地理分布：湟源。

35. 5.1.26 巨型艾美耳球虫 *E. maxima* Tyzzer，1929

宿主与寄生部位：鸡。小肠中段。

地理分布：西宁、民和。

36. 5.1.27 中型艾美耳球虫 *E. media* Kessel，1929

宿主与寄生部位：兔。小肠。

地理分布：湟源。

37. 5.1.28 和缓艾美耳球虫 *E. mitis* Tyzzer，1929

宿主与寄生部位：鸡。小肠前段。

地理分布：西宁、民和。

38. 5.1.29 新蒂氏艾美耳球虫 *E. neodebliecki* Vetterling，1965

宿主与寄生部位：猪。小肠。

地理分布：湟源。

39. 5.1.30 尼氏艾美耳球虫 *E. ninakohlyakimovae* Yakimoff et Rastegaieff，1930

同物异名：嘎氏艾美耳球虫 *E. galouzoi*

宿主与寄生部位：绵羊。小肠。

地理分布：西宁、民和。

40. 5.1.31 卵状艾美耳球虫 *E. oodeus* Hu et Yan，1990

宿主与寄生部位：绵羊。小肠。

地理分布：祁连。

41. 5.1.32 类绵羊艾美耳球虫 *E. ovinoidalis* McDou-gald，1979

宿主与寄生部位：绵羊。小肠。

地理分布：祁连。

42. 5.1.33 苍白艾美耳球虫 *E. pallida* Christensen，1938

宿主与寄生部位：绵羊。小肠。

地理分布：祁连。

43. 5.1.34 小型艾美耳球虫 *E. parva* Kotlán，Mócsy et Vajda，1929

宿主与寄生部位：绵羊。小肠。

地理分布：西宁、民和、祁连。

44. 5.1.35 皮利他艾美耳球虫 *E. pellita* Supperer，1952

同物异名：复膜艾美耳球虫、粗膜艾美耳球虫

宿主与寄生部位：黄牛、牦牛。肠道。

地理分布：西宁、祁连、达日、河南、治多。

45. 5.1.36 穿孔艾美耳球虫 *E. perforans*（Leuckart，1879）Sluiter et Swellengrebel，1912

宿主与寄生部位：兔。小肠、盲肠。

地理分布：湟源。

46. 5.1.37 极细艾美耳球虫 *E. perminuta* Henry，1931

宿主与寄生部位：猪。肠道。

地理分布：湟源。

47. 5.1.38 梨形艾美耳球虫 *E. piriformis* Kotlán et Po-

spesch，1934

　　宿主与寄生部位：兔。小肠、大肠。

　　地理分布：湟中。

　　48．5.1.39 豚艾美耳球虫　*E. porci* Vetterling，1965

　　同物异名：种猪艾美耳球虫

　　宿主与寄生部位：猪。肠道。

　　地理分布：湟源。

　　49．5.1.40 早熟艾美耳球虫　*E. praecox* Johnson，1930

　　宿主与寄生部位：鸡。小肠前段。

　　地理分布：西宁、民和。

　　50．5.1.41 粗糙艾美耳球虫　*E. scabra* Henry，1931

　　宿主与寄生部位：猪。肠道。

　　地理分布：湟源。

　　51．5.1.42 斯氏艾美耳球虫 *E. stiedai* （Lindemann，1865）Kisskalt et Hartmann，1907

　　宿主与寄生部位：兔。肝脏胆管、小肠。

　　地理分布：湟源。

　　52．5.1.43 亚球形艾美耳球虫　*E. subspherica* Christensen，1941

　　宿主与寄生部位：黄牛、牦牛。肠道。

　　地理分布：贵德、祁连、治多。

　　53．5.1.44 猪艾美耳球虫　*E. suis* Nöller，1921

　　宿主与寄生部位：猪。小肠。

　　地理分布：湟源。

　　54．5.1.45 柔嫩艾美耳球虫　*E. tenella* （Railliet et Lucet，1891）Fantham，1909

　　宿主与寄生部位：鸡。盲肠。

　　地理分布：西宁、民和。

　　55．5.1.46 威布里吉艾美耳球虫　*E. weybridgensis* Norton，Joyner et Catchpole，1974

宿主与寄生部位：绵羊。小肠。

地理分布：西宁、民和、祁连。

56. 5.1.47 怀俄明艾美耳球虫 *E. wyomingensis* Huizinga et Winger，1942

宿主与寄生部位：牦牛。肠道。

地理分布：祁连、班玛、治多。

57. 5.1.48 邱氏艾美耳球虫 *E. zürnii*（Rivolta，1878）Martin，1909

宿主与寄生部位：黄牛、牦牛。肠道。

地理分布：西宁、祁连、班玛、达日、河南、治多。

58. 5.1.49 艾美耳球虫未定种 *E. spp.*，2011

宿主与寄生部位：绵羊。肠道。

地理分布：祁连。

6 住肉孢子虫科 Sarcocystidae Poche，1913
6.1 住肉孢子虫属 *Sarcocystis* Lankester，1882

59. 6.1.1 公羊犬住肉孢子虫 *S. arieticanis* Heydorn，1985

宿主与寄生部位：绵羊。横纹肌。

地理分布：祁连、门源、刚察、共和、天峻、同仁、玉树、玛沁。

60. 6.1.2 囊状住肉孢子虫 *S. cystiformis* Wang，Wei，Wang，et al.，1989

宿主与寄生部位：绵羊。舌肌。

地理分布：刚察。

61. 6.1.3 巨型住肉孢子虫 *S. gigantea*（Railliet，1886）Ashford，1977

宿主与寄生部位：绵羊。横纹肌、食道。

地理分布：刚察、同仁。

62.　6.1.4 微小住肉孢子虫　*S. microps* Wang，Wei，Wang，et al.，1988

宿主与寄生部位：绵羊。心肌。

地理分布：祁连、门源、刚察、共和、同德、天峻、同仁、玉树、称多、玛沁。

63.　6.1.5 绵羊犬住肉孢子虫　*S. ovicanis* Heydorn，Gestrich，Melhorn，et al.，1975

同物异名：脆弱住肉孢子虫 *S. tenella*（Railliet，1886）Moulé，1886

宿主与寄生部位：绵羊、山羊。横纹肌、膈肌、食道。

地理分布：互助、化隆、同德、刚察、共和、玉树、称多、祁连、门源、天峻、同仁、玛沁、达日、治多。

64.　6.1.6 牦牛住肉孢子虫　*S. poephagi* Wei，Zhang，Dong，et al.，1985

宿主与寄生部位：牦牛。膈肌、心肌、食道。

地理分布：化隆、泽库、达日、治多、玉树。

65.　6.1.7 牦牛犬住肉孢子虫　*S. poephagicanis* Wei，Zhang，Dong，et al.，1985

宿主与寄生部位：牦牛。心肌。

地理分布：泽库、达日、治多。

6.2 弓形虫属 *Toxoplasma* Nicolle et Manceaux，1909

66.　6.2.1 刚地弓形虫　*T. gondii*（Nicolle et Manceaux，1908）Nicolle et Manceaux，1909

宿主与寄生部位：终宿主为猫；肠。中间宿主为牦牛、黄牛、绵羊、山羊、猪、马、鸡、犬；横纹肌、眼、脑、实质脏器、唾液、血液、体腔液、淋巴结等。

地理分布：西宁、湟中、大通、湟源、平安、互助、乐都、民和、循化、化隆、祁连、刚察、门源、海晏、共和、贵南、同德、兴海、天峻、都兰、格尔木、德令哈、乌兰、尖扎、泽库、玉树、治多、称多、甘德、达日。

梨形虫目 **Piroplasmi da Wenyon，1926**

7 巴贝斯虫科 Babesiidae Poche，1913
7.1 巴贝斯属 *Babesia* **Starcovici，1893**

    67. 7.1.1 驽巴贝斯虫 *B. caballi* Nuttall et Strickland，1910

宿主与寄生部位：马、骡。红细胞。

地理分布：全省。

8 泰勒科 Theileriidae du Toit，1918
8.1 泰勒属 *Theileria* **Bettencourt，Franca et Borges，1907**

    68. 8.1.1 马泰勒虫 *T. equi* Mehlhorn et Schein，1998

同物异名：马巴贝斯虫 *Babesia equi* Laveran，1901

宿主与寄生部位：马。红细胞。

地理分布：贵南、门源。

    69. 8.1.2 山羊泰勒虫 *T. hirci* Dschunkowsky et Urod-schevich，1924

宿主与寄生部位：绵羊、山羊。红细胞。

地理分布：湟源、尖扎、门源、化隆、互助、乐都、久治。

    70. 8.1.3 瑟氏泰勒虫 *T. sergenti* Yakimoff et Dekhtereff，1930

宿主与寄生部位：黄牛、羊。红细胞、网状内皮系统。

地理分布：班玛、久治。

微孢子虫门 **Microspora Sprague，1977**

微孢子虫纲 **Microsporea Delphy，1963**

微孢子虫目 **Microsporida Balbiani，1882**

无多孢子膜亚目 Apansporoblastina Tuzet，Maurand，Fize，et al.，1971

9 肠微孢子虫科 Enterocytozoonidae Cali et Owen，1990

9.1 肠微孢子虫属 *Enterocytozoon* Desportes，Le Charpentier，Galian，et al.，1985

71. 9.1.1 毕氏肠微孢子虫 *Enterocytozoon bieneusi* Desportes，Le Charpentier，Galian，et al.，1985

宿主与寄生部位：牦牛、绵羊。小肠。

地理分布：兴海、贵南、祁连、刚察、乌兰、河南、治多、达日。

纤毛虫门 Ciliophora Doffein，1901

动基裂纲 Rinetofregminophorea de Puytorac，et al.，1971

毛口目 Trichostomatida Bütschli，1889

10 小袋虫科 Balantidiidae Reichenow in Doflein et Reichehow，1929

10.1 小袋虫属 *Balantidium* Claparède et Lachmann，1858

72. 10.1.1 结肠小袋虫 *B. coli*（Malmsten，1857）Stein，1862

宿主与寄生部位：猪、牦牛、骆驼。大肠。

地理分布：互助、平安、民和。

第二部分 蠕 虫

扁形动物门 Platyhelminthes Claus, 1880

吸虫纲 Trematoda Rudolphi, 1808

枭形目 Strigeata La Rue, 1926

11 分体科 Schistosomatidae Poche, 1907

11.1 东毕属 *Orientobilharzia* Dutt et Srivastava, 1955

73. 11.1.1 彭氏东毕吸虫 *O. bomfordi* (Montgomery, 1906) Dutt et Srivastava, 1955

宿主与寄生部位：黄牛。肠系膜静脉、门静脉。

地理分布：德令哈。

74. 11.1.2 土耳其斯坦东毕吸虫 *O. turkestanica* (Skrjabin, 1913) Price, 1929

同物异名：程氏东毕吸虫 *O. cheni* Hsu et Yang, 1957

宿主与寄生部位：黄牛、绵羊、山羊。门静脉、肠系膜静脉。

地理分布：德令哈。

12 短咽科 Brachylaimidae Joyeux et Foley, 1930

12.1 斯孔属 *Skrjabinotrema* Orloff, Erschoff et Badanin, 1934

75. 12.1.1 羊斯孔吸虫 *S. ovis* Orloff, Erschoff et Badanin, 1934

同物异名：绵羊斯孔吸虫

宿主与寄生部位：绵羊、山羊、牦牛。小肠。

地理分布：刚察、海晏、祁连、共和、贵南、兴海、贵德、同仁、都兰、玛沁、达日、治多、囊谦。

棘口目 Echinostomata La Rue，1926

13 片形科 Fasciolidae Railliet，1895

13.1 片形属 *Fasciola* Linnaeus，1758

76. 13.1.1 大片形吸虫 *F. gigantica* Cobbold，1856

宿主与寄生部位：绵羊、山羊。胆管、胆囊。

地理分布：全省。

77. 13.1.2 肝片形吸虫 *F. hepatica* Linnaeus，1758

宿主与寄生部位：黄牛、牦牛、犏牛、马、绵羊、山羊、骆驼。胆管、胆囊。

地理分布：全省。

14 同盘科 Paramphistomatidae Fischoeder，1901

14.1 同盘属 *Paramphistomum* Fischoeder，1900

78. 14.1.1 鹿同盘吸虫 *P. cervi*（Zeder，1790）Fischoeder，1901

宿主与寄生部位：牦牛、绵羊、山羊。瘤胃。

地理分布：久治、达日。

79. 14.1.2 后藤同盘吸虫 *P. gotoi* Fukui，1922

宿主与寄生部位：牦牛、绵羊、山羊。瘤胃。

地理分布：久治。

14.2 殖盘属 *Cotylophoron* Stiles et Goldberger，1910

80. 14.2.1 殖盘殖盘吸虫 *C. cotylophorum*（Fischoeder，1901）Stiles et Goldberger，1910

宿主与寄生部位：黄牛、牦牛、绵羊、山羊。瘤胃。

地理分布：全省。

81. 14.2.2 印度殖盘吸虫 *C. indicus* Stiles et Goldberger，1910

宿主与寄生部位：黄牛、牦牛、绵羊、山羊。瘤胃。

地理分布：全省。

14.3 锡叶属 *Ceylonocotyle* Nasmark，1937

82. 14.3.1 陈氏锡叶吸虫 *C. cheni* Wang，1966

宿主与寄生部位：牦牛。瘤胃。

地理分布：久治。

83. 14.3.2 双叉肠锡叶吸虫 *C. dicranocoelium*（Fischoeder，1901）Näsmark，1937

宿主与寄生部位：黄牛、牦牛、绵羊、山羊。瘤胃。

地理分布：全省。

15 腹袋科 Gastrothylacidae Stiles et Goldberger，1910

15.1 腹袋属 *Gastrothylax* Poirier，1883

84. 15.1.1 荷包腹袋吸虫 *G. crumenifer*（Creplin，1847）Poirier，1883

宿主与寄生部位：黄牛、牦牛、绵羊、山羊。瘤胃。

地理分布：全省。

15.2 菲策属 *Fischoederius* Stiles et Goldberger，1910

85. 15.2.1 日本菲策吸虫 *F. japonicus* Fukui，1922

宿主与寄生部位：黄牛、牦牛、绵羊、山羊。瘤胃。

地理分布：全省。

斜睾目 Plagiorchiata La Rue，1957

16 双腔科 Dicrocoeliidae Odhner，1910

16.1 阔盘属 *Eurytrema* Looss，1907

86. 16.1.1 胰阔盘吸虫 *E. pancreaticum*（Janson，1889）Looss，1907

宿主与寄生部位：黄牛、牦牛、绵羊、猪。胰管。

地理分布：共和。

16.2 双腔属 *Dicrocoelium* Dujardin，1845

87. 16.2.1 中华双腔吸虫 *D. chinensis* Tang et Tang，1978

宿主与寄生部位：黄牛、牦牛、绵羊。胆管、胆囊。

地理分布：湟中、互助、湟源、祁连、刚察、海晏、门源、兴海、同仁、玉树、囊谦、久治、玛沁。

88. 16.2.2 枝双腔吸虫 *D. dendriticum*（Rudolphi，1819）Looss，1899

宿主与寄生部位：黄牛、牦牛、绵羊。胆管。

地理分布：班玛、久治、乐都、贵德。

89. 16.2.3 主人双腔吸虫 *D. hospes* Looss，1907

宿主与寄生部位：黄牛、牦牛、绵羊。胆管。

地理分布：祁连、贵德、久治。

90. 16.2.4 矛形双腔吸虫 *D. lanceatum* Stiles et Hassall，1896

宿主与寄生部位：黄牛、牦牛、犏牛、绵羊、山羊。胆管、胆囊。

地理分布：民和、化隆、循化、乐都、共和、贵南、贵德、兴海、同仁、久治、囊谦、班玛。

91. 16.2.5 扁体双腔吸虫 *D. platynosomum* Tang，Tang，Qi et al.，1981

宿主与寄生部位：牦牛、绵羊。胆管、胆囊。

地理分布：囊谦。

绦虫纲 **Cestoidea**（Rudolohi，1808）**Fuhrmann，1931**

圆叶目 **Cyclophyllidea Braun，1900**

17 裸头科 Anoplocephalidae Cholodkovsky，1902

17.1 莫尼茨属 *Moniezia* Blanchard，1891

92. 17.1.1 贝氏莫尼茨绦虫 *M. benedeni*（Moniez，1879）Blanchard，1891

宿主与寄生部位：黄牛、牦牛、绵羊、山羊、鹿、骆驼。小肠。

地理分布：全省。

93. 17.1.2 扩展莫尼茨绦虫 *M. expansa*（Rudolphi，1810）Blanchard，1891

宿主与寄生部位：黄牛、牦牛、绵羊、山羊。小肠。

地理分布：共和、兴海、囊谦。

17.2 无卵黄腺属 *Avitellina* Gough，1911

94. 17.2.1 中点无卵黄腺绦虫 *A. centripunctata* Rivolta，1874

宿主与寄生部位：牦牛、绵羊。小肠。

地理分布：全省。

95. 17.2.2 巨囊无卵黄腺绦虫 *A. magavesiculata* Yang，Qian，Chen，et al.，1977

宿主与寄生部位：绵羊。小肠。

地理分布：贵德。

96. 17.2.3 微小无卵黄腺绦虫 *A. minuta* Yang，Qian，Chen，et al.，1977

宿主与寄生部位：牦牛。小肠。

地理分布：祁连。

97. 17.2.4 塔提无卵黄腺绦虫 *A. tatia* Bhalerao，1936

宿主与寄生部位：绵羊。小肠。

地理分布：囊谦。

17.3 曲子宫属 *Thysaniezia* Skrjabin，1926（Syn. *Helictometra* Baer，1927）

98. 17.3.1 盖氏曲子宫绦虫 *T. giardi* Moniez，1879

宿主与寄生部位：黄牛、牦牛、绵羊、山羊。小肠。

地理分布：共和、兴海、祁连、乌兰、囊谦。

17.4 莫斯属 *Mosgovoyia* Spassky，1951

99. 17.4.1 梳栉状莫斯绦虫 *M. pectinata*（Goeze，1782）Spassky，1951

宿主与寄生部位：兔。小肠。

地理分布：西宁、湟源。

17.5 裸头属 *Anoplocephala* Blanchard，1848

100. 17.5.1 大裸头绦虫 *A. magna*（Abildgaard，1789）Sprengel，1905

宿主与寄生部位：马。小肠，偶见于胃或大肠。

地理：全省。

101. 17.5.2 叶状裸头绦虫 *A. perfoliata*（Goeze，1782）Blanchard，1848

宿主与寄生部位：马、驴、骡。小肠、盲肠、结肠。

地理分布：全省。

18 囊宫科 Dilepididae（Railliet et Henry，1909）Lincicome，1939

18.1 复殖孔属 *Dipylidium* Leuckart，1863

102. 18.1.1 犬复殖孔绦虫 *Dipylidium caninum*（Linnaeus，1758）Leuckart，1863

宿主与寄生部位：马、驴、骡。小肠、盲肠、结肠。

地理分布：全省。

19 带科 Taeniidae Ludwing，1886

19.1 棘球属 *Echinococus* Rudolphi，1801

103. 19.1.1 细粒棘球绦虫 *E. granulosus*（Batsch，1786）Rudolphi，1805

宿主与寄生部位：犬、藏狐、狼。小肠。

地理分布：全省。

104. 19.1.1.1 *细粒棘球蚴* *E. granulosus*（larva）

同物异名：兽形棘球蚴 *E. veterinarum* Huber，1891；囊状棘球蚴 *E. cysticus* Huber，1891

宿主与寄生部位：黄牛、牦牛、绵羊、山羊、藏原羚、岩羊。肝、肺。

地理分布：全省。

105. 19.1.2 *多房棘球绦虫* *E. multilocularis* Leuckart，1863

宿主与寄生部位：犬、藏狐、狼、猫。小肠。

地理分布：称多、甘德、泽库、达日、祁连。

106. 19.1.2.1 *多房棘球蚴* *E. multilocularis*（larva）

宿主与寄生部位：高原鼠兔、田鼠、牦牛、藏羊。内脏。

地理分布：称多、甘德、泽库、达日、玛多、共和、海晏、祁连、都兰、德令哈。

19.2 多头属 *Multiceps* Goeze，1782

107. 19.2.1 *多头多头绦虫* *M. multiceps*（Leske，1780）Hall，1910

宿主与寄生部位：犬、猫。小肠。

地理分布：全省。

108. 19.2.2 *脑多头蚴* *Coenurus cerebralis* Batsch，1786

宿主与寄生部位：黄牛、牦牛、绵羊、山羊。脑、脊髓、肌肉。

地理分布：全省。

19.3 带属 *Taenia* Linnaeus，1758

109. 19.3.1 *猪囊尾蚴* *Cysticercus cellulosae* Gmelin，1790

宿主与寄生部位：猪。皮下、肌肉、脑、肾、心脏、舌、肝、肺、眼、口腔黏膜。（成虫为有钩带绦虫，寄生于人小肠。）

地理分布：西宁、湟中、大通、湟源、平安、互助、乐都、民和。

110. 19.3.2 泡状带绦虫 *T. hydatigena* Pallas，1766
宿主与寄生部位：犬、猫。小肠。

地理分布：全省。

111. 19.3.2.1 细颈囊尾蚴 *Cysticercus tenuicollis* Rudolphi，1810

宿主与寄生部位：牦牛、绵羊、山羊、猪、骆驼。胃、肠系膜、网膜、肝、胸腔。

地理分布：全省。

112. 19.3.3 羊囊尾蚴 *Cysticercus ovis* Maddox，1873
宿主与寄生部位：绵羊。肌肉。

地理分布：刚察、兴海、囊谦、称多。

113. 19.3.4 豆状囊尾蚴 *Cysticercus pisiformis* Bloch，1780
宿主与寄生部位：兔。肠系膜、网膜、肝，有时于肺。

地理分布：西宁、久治、湟中、湟源、大通、平安、互助。

19.4 带吻属 *Taeniarhynchus* Weinland，1858

114. 19.4.1 牛囊尾蚴 *Cysticercus bovis* Cobbold，1866
宿主与寄生部位：黄牛、牦牛。心肌、舌肌、嚼肌等肌肉。
（成虫为无钩绦虫，寄生于人。）

地理分布：刚察、兴海、囊谦、称多。

20 膜壳科 Hymenolepididae（Ariola，1899）Railliet et Henry，1909

20.1 剑带属 *Drepanidotaenia* Railliet，1892

115. 20.1.1 矛形剑带绦虫 *D. lanceolata* Bloch，1782
宿主与寄生部位：鹅、鸡。小肠。

地理分布：西宁。

21 戴维科 Davaineidae Fuhrmann，1907

21.1 瑞利属 *Raillietina* Fuhrmann，1920

116. 21.1.1 有轮瑞利绦虫 *R. cesticillus* Molin，1858
宿主与寄生部位：鸡。小肠。

地理分布：门源。

117.　21.1.2 棘盘瑞利绦虫　*R. echinobothrida* Megnin，1881

宿主与寄生部位：鸡。小肠。

地理分布：平安、民和、互助。

118.　21.1.3 四角瑞利绦虫　*R. tetragona* Molin，1858

宿主与寄生部位：鸡。小肠。

地理分布：平安、民和。

线形动物门　Nemathelminthes Schneider，1873

线形纲　Nematoda Rudolphi，1808

杆形目　Rhabdiasidea Yamaguti，1961

22 类圆科　Strongyloididae Chitwood et McIntosh，1934

22.1 类圆属　*Strongyloides* Grassi，1879

119.　22.1.1 乳突类圆线虫　*S. papillosus*（Wedl，1856）Ransom，1911

宿主与寄生部位：绵羊、牦牛。小肠黏膜内。

地理分布：祁连、班玛。

蛔目　Ascaridida Yamaguti，1961

23 蛔科　Ascarididae Blanchard，1849

23.1 蛔属　*Ascaris* Linnaeus，1758

120.　23.1.1 猪蛔虫　*A. suum* Goeze，1782

宿主与寄生部位：猪。小肠、胃、胆囊。

地理分布：民和、互助。

23. 2 新蛔属 *Neoascaris* **Travassos，1927**

121. 23.2.1 犊新蛔虫 *N. vitulorum* (Goeze，1782) Travassos，1927

同物异名：犊弓首蛔虫 *Toxocara vitulorum* Goeze，1782

宿主与寄生部位：黄牛。小肠。

地理分布：平安、乐都、都兰。

23. 3 副蛔属 *Parascaris* **Yorke et Maplestone，1926**

122. 23.3.1 马副蛔虫 *P. equorum* (Goeze，1782) Yorke et Maplestone，1926

宿主与寄生部位：马。小肠。

地理分布：大通、互助、共和。

23. 4 弓蛔属 *Toxascaris* **Leiper，1907**

123. 23.4.1 狮弓蛔虫 *Toxascaris leonina* (Linstow，1902) Leiper，1907

宿主与寄生部位：犬。小肠。

地理分布：达日、治多、称多、祁连、兴海。

24 禽蛔科 Ascaridiidae Skrjabin et Mosgovoy，1953

24. 1 禽蛔属 *Ascaridia* **Dujardin，1845**

124. 24.1.1 鸡蛔虫 *A. galli* (Schrank，1788) Freeborn，1923

宿主与寄生部位：鸡。小肠。

地理分布：平安、民和、互助。

尖尾目 Oxyuridea Weinland，1858

25 尖尾科 Oxyuridae Cobbold，1864

25. 1 尖尾属 *Oxyuris* **Rudolphi，1803**

125. 25.1.1 马尖尾线虫 *O. equi* (Schrank，1788) Rudolphi，1803

同物异名：马蛲虫

宿主与寄生部位：马、驴、骡。大肠。

地理分布：大通、互助、共和。

25.2 斯氏属　*Skrjabinema* Wereschtchagin，1926

126.　25.2.1 绵羊斯氏线虫　*S. ovis*（Skrjabin，1915）Wereschtchagin，1926

宿主与寄生部位：绵羊、山羊、牛。大肠。

地理分布：达日、西宁、大通。

26 异刺科　Heterakidae Railliet et Henry，1914

26.1 异刺属　*Heterakis* Dujardin，1845

127.　26.1.1 鸡异刺线虫　*H. gallinarum*（Schrank，1788）Freeborn，1923

宿主与寄生部位：鸡。盲肠。

地理分布：平安、民和、互助。

圆形目　Strongylidea Diesing，1851

27 钩口科　Ancylostomatidae Looss，1905

27.1 钩口属　*Ancylostoma* Dubini，1843

128.　27.1.1 犬钩口线虫　*Ancylostoma caninum* Ercolani，1859

宿主与寄生部位：犬。

地理分布：达日。

28 圆形科　Strongylidae Baird，1853

28.1 圆形属　*Strongylus* Mueller，1780

129.　28.1.1 无齿圆形线虫　*S. edentatus* Looss，1900

同物异名：无齿阿尔夫线虫 *Alfortia edentatus*（Looss，1900）Skrjabin，1933

宿主与寄生部位：马、驴、骡。盲肠、结肠。

地理分布：大通、贵南、共和。

130.　28.1.2 马圆形线虫　*S. equinus* Mueller，1780

宿主与寄生部位：马、驴。盲肠、结肠。

地理分布：贵南、共和。

131. 28.1.3 普通圆形线虫 *S. vulgaris* Looss，1900

同物异名：普通代拉风线虫 *Delafondia vulgaris*（Looss，1900）Skrjabin，1933

宿主与寄生部位：马、驴。盲肠、结肠。

地理分布：青海。

28.2 喷口属 *Craterostomum* Boulenger，1920

同物异名：杯口属

132. 28.2.1 尖尾喷口线虫 *C. acuticaudatum*（Kotlán，1919）Boulenger，1920

同物异名：多冠喷口线虫 *C. mucronatum*（Ihle，1920）Erschow，1933

宿主与寄生部位：马。盲肠、结肠。

地理分布：共和、贵南。

28.3 食道齿属 *Oesophagodontus* Railliet et Henry，1902

133. 28.3.1 粗食道齿线虫 *O. robustus*（Giles，1892）Railliet et Henry，1902

宿主与寄生部位：马。盲肠、结肠。

地理分布：贵南、共和。

28.4 三齿属 *Triodontophorus* Looss，1902

134. 28.4.1 短尾三齿线虫 *T. brevicauda* Boulenger，1916

宿主与寄生部位：马、驴。盲肠、结肠。

地理分布：贵南、共和。

135. 28.4.2 小三齿线虫 *T. minor* Looss，1900

宿主与寄生部位：马。盲肠、结肠。

地理分布：共和。

136. 28.4.3 日本三齿线虫 *T. nipponicus* Yamaguti，1943

同物异名：熊氏三齿线虫 *T. hsiungi* Kung，1958

宿主与寄生部位：马。盲肠、结肠。

地理分布：共和。

137. 28.4.4 锯齿三齿线虫 *T. serratus*（Looss，1900）Looss，1902

宿主与寄生部位：马、驴。大肠。

地理分布：大通、贵南、共和。

138. 28.4.5 细颈三齿线虫 *T. tenuicollis* Boulenger，1916

宿主与寄生部位：马。盲肠、结肠。

地理分布：共和。

28.5 双齿属 *Bidentostomum* Tshoijo，1957

139. 28.5.1 伊氏双齿线虫 *B. ivaschkini* Tshoijo，1957

宿主与寄生部位：马。盲肠、结肠。

地理分布：共和。

28.6 钩刺属 *Uncinaria* Frohlich，1789

140. 28.6.1 狭头钩刺线虫 *Uncinaria stenocephala* Railliet，1884

宿主与寄生部位：犬。小肠。

地理分布：囊谦。

29 夏柏特科 Chabertidae Lichtenfels，1980

29.1 夏柏特属 *Chabertia* Railliet et Henry，1909

141. 29.1.1 叶氏夏柏特线虫 *C. erschowi* Hsiung et Kung，1956

宿主与寄生部位：牛、羊。大肠。

地理分布：全省。

142. 29.1.2 羊夏柏特线虫 *C. ovina*（Fabricius，1788）Railliet et Henry，1909

宿主与寄生部位：牛、羊。盲肠、大肠。

地理分布：互助、祁连、兴海、贵南、贵德、玛沁、囊谦、久治、达日、共和等地。

143. 29.1.3 陕西夏柏特线虫 *C. shanxiensis* Zhang，1985

宿主与寄生部位：牦牛。大肠。

地理分布：班玛、久治。

29.2 食道口属 *Oesophagostomum* **Molin，1861**

同物异名：结节虫属

144. 29.2.1 粗纹食道口线虫 *O. asperum* Railliet et Henry，1913

宿主与寄生部位：牛、羊。结肠、盲肠。

地理分布：全省。

145. 29.2.2 哥伦比亚食道口线虫 *O. columbianum*（Curtice，1890）Stossich，1899

宿主与寄生部位：绵羊。盲肠、结肠。

地理分布：共和。

146. 29.2.3 有齿食道口线虫 *O. dentatum*（Rudolphi，1803）Molin，1861

宿主与寄生部位：猪。大肠。

地理分布：互助。

147. 29.2.4 甘肃食道口线虫 *O. kansuensis* Hsiung et Kung，1955

宿主与寄生部位：绵羊。结肠。

地理分布：共和、兴海、贵南、贵德、互助、刚察、玉树、海晏、囊谦、大通等地。

148. 29.2.5 辐射食道口线虫 *O. radiatum*（Rudolphi，1803）Railliet，1898

宿主与寄生部位：牛、羊。大肠。

地理分布：共和、兴海、久治。

30 钩口科 Ancylostomatidae Looss，1906

30.1 仰口属 *Bunostomum* **Railliet，1902**

149. 30.1.1 牛仰口线虫 *B. phlebotomum*（Railliet，1900）Railliet，1902

宿主与寄生部位：牛。小肠。

地理分布：互助、大通、囊谦、久治、班玛、祁连。

150. 30.1.2 羊仰口线虫 *B. trigonocephalum*（Rudolphi，1803）Railliet，1902

宿主与寄生部位：绵羊。小肠。

地理分布：共和、兴海、贵南、互助、刚察、海晏、玛沁、囊谦、称多、达日、大通等地。

31 盅口科 Cyathostomidae Yamaguti，1961

同物异名：毛线科 Trichonematidae Witenberg，1925

31.1 盅口属 *Cyathostomum* Molin，1861

151. 31.1.1 卡提盅口线虫 *C. catinatum* Looss，1900

同物异名：碗状盅口线虫

宿主与寄生部位：马、驴。盲肠、结肠。

地理分布：贵南、共和。

152. 31.1.2 冠状盅口线虫 *C. coronatum* Looss，1900

宿主与寄生部位：马、驴。盲肠、结肠。

地理分布：贵南、共和。

153. 31.1.3 唇片盅口线虫 *C. labiatum*（Looss，1902）McIntosh，1933

宿主与寄生部位：马、驴。盲肠、结肠。

地理分布：贵南、共和。

154. 31.1.4 小唇片盅口线虫 *C. labratum* Looss，1900

宿主与寄生部位：马。盲肠、结肠。

地理分布：贵南、共和。

155. 31.1.5 碟状盅口线虫 *C. pateratum*（Yorke et Macfie，1919）Kung，1964

同物异名：圆饰盅口线虫

宿主与寄生部位：马。盲肠、结肠。

地理分布：贵南、共和。

156. 31.1.6 碟状盅口线虫熊氏变种 *C. pateratum* var. *hsiungi* Kung et Yang，1963

宿主与寄生部位：马。盲肠、结肠。

地理分布：贵南。

157. 31.1.7 矢状盅口线虫 *C. sagittatum*（Kotlan，1920）McIntosh，1951

宿主与寄生部位：马。盲肠、结肠。

地理分布：共和。

158. 31.1.8 四隅盅口线虫 *C. tetracanthum*（Mehlis，1831）Molin，1861

同物异名：埃及盅口线虫 *C. aegyptiacum* Railliet，1923

宿主与寄生部位：马。盲肠、结肠。

地理分布：全省。

31.2 杯环属 *Cylicocyclus*（Ihle，1922）**Erschow，1939**

159. 31.2.1 安地斯杯环线虫 *C. adersi*（Boulenger，1920）Erschow，1939

宿主与寄生部位：马。盲肠、结肠。

地理分布：共和。

160. 31.2.2 阿氏杯环线虫 *C. ashworthi*（Le Roax，1924）McIntosh，1933

宿主与寄生部位：马。盲肠、结肠。

地理分布：共和。

161. 31.2.3 耳状杯环线虫 *C. auriculatus*（Looss，1900）Erschow，1939

宿主与寄生部位：马。盲肠、结肠。

地理分布：全省。

162. 31.2.4 短囊杯环线虫 *C. brevicapsulatus*（Ihle，1920）Erschow，1939

宿主与寄生部位：马。结肠、盲肠。

地理分布：贵南、共和。

163. 31.2.5 长形杯环线虫 *C. elongatus*（Looss，1900）Chaves，1930

宿主与寄生部位：马。盲肠、结肠。

地理分布：贵南、共和。

164. 31.2.6 隐匿杯环线虫 *C. insigne*（Boulenger，1917）Chaves，1930

宿主与寄生部位：马。盲肠、结肠。

地理分布：贵南、共和。

165. 31.2.7 细口杯环线虫 *C. leptostomum*（Kotlan，1920）Chaves，1930

同物异名：细口杯齿线虫 *Cylicotetrapedon leptostomum*（Kotlan，1920）Kung，1964

细口舒毛线虫 *Schulzitrichonema leptostomum*（Kotlan，1920）Erschow，1943

宿主与寄生部位：马、驴、骡。盲肠、结肠。

地理分布：全省。

166. 31.2.8 鼻状杯环线虫 *C. nassatum*（Looss，1900）Chaves，1930

宿主与寄生部位：马。盲肠、结肠。

地理分布：贵南、共和。

167. 31.2.9 北京杯环线虫 *C. pekingensis* Kung et Yang，1964

宿主与寄生部位：马。盲肠、结肠。

地理分布：贵南、共和、大通。

168. 31.2.10 锯状杯环线虫 *C. prionodes* Kotlan，1921

宿主与寄生部位：马。盲肠、结肠。

地理分布：共和。

169. 31.2.11 辐射杯环线虫 *C. radiatus*（Looss，1900）

Chaves，1930

宿主与寄生部位：马。盲肠、结肠。

地理分布：贵南、共和。

170. 31.2.12 外射杯环线虫 *C. ultrajectinus*（Ihle，1920）Erschow，1939

宿主与寄生部位：马。盲肠、结肠。

地理分布：贵南、共和。

31.3 环齿属 *Cylicodontophorus*（Ihle，1920）**Kung，1964**

同物异名：双冠属

171. 31.3.1 双冠环齿线虫 *C.bicoronatus*（Looss，1900）Cram，1924

宿主与寄生部位：马。盲肠、结肠。

地理分布：贵南、共和。

172. 31.3.2 奥普环齿线虫 *C.euproctus*（Boulenger，1917）Cram，1924

同物异名：丽尾双冠线虫

宿主与寄生部位：马。盲肠、结肠。

地理分布：贵南、共和。

173. 31.3.3 麦氏环齿线虫 *C. mettami*（Leiper，1913）Foster，1936

宿主与寄生部位：马。盲肠、结肠。

地理分布：共和。

174. 31.3.4 舒氏环齿线虫 *C. schuermanni* Ortlepp，1962

宿主与寄生部位：马。盲肠、结肠。

地理分布：共和。

31.4 柱咽属 *Cylindropharynx* Laiper，1911

175. 31.4.1 长尾柱咽线虫 *C. longicauda* Leiper，1911

宿主与寄生部位：马。大肠。

地理分布：贵南、共和。

31.5 辐首属　*Gyalocephalus* Looss，1900

176.　31.5.1 头状辐首线虫　*G. capitatus* Looss，1900

同物异名：马辐首线虫 *G. equi* Yorke et Macfie，1918

宿主与寄生部位：马、驴、骡。盲肠、结肠。

地理分布：贵南、共和。

31.6 盆口属　*Poteriostomum* Quiel，1919

同物异名：六齿口属 *Hexodontostomum* Ihle，1920

177.　31.6.1 异齿盆口线虫　*P. imparidentatum* Quiel，1919

宿主与寄生部位：马、驴。盲肠、结肠。

地理分布：贵南、共和。

178.　31.6.2 拉氏盆口线虫　*P. ratzii*（Kotlán，1919）Ihle，1920

宿主与寄生部位：马。盲肠、结肠。

地理分布：贵南、共和。

179.　31.6.3 斯氏盆口线虫　*P. skrjabini* Erschow，1939

宿主与寄生部位：马。盲肠、结肠。

地理分布：贵南、共和。

31.7 杯冠属　*Cylicostephanus* Ihle，1920

180.　31.7.1 偏位杯冠线虫　*C. asymmetricus*（Theiler，1923）Cram，1925

同物异名：偏位舒毛线虫 *Schulzitrichonema asymmetricum*（Theiler，1923）Erschow，1943

不对称杯齿线虫 *Cylicotetrapedon* Ihle，1925

宿主与寄生部位：马。盲肠、结肠。

地理分布：贵南、共和。

181.　31.7.2 小杯杯冠线虫　*C. calicalus*（Looss，1900）Ihle，1924

宿主与寄生部位：马、驴、骡。盲肠、结肠。

地理分布：全省。

182. 31.7.3 高氏杯冠线虫 *C. goldi*（Boulenger，1917）Lichtenfels，1975

同物异名：高氏舒毛线虫 *Schulzitrichonema goldi*（Boulenger，1917）Erschow，1943

高氏杯齿线虫 *Cylicotetrapedon goldi* Boulenger，1917

宿主与寄生部位：马、驴。盲肠、结肠。

地理分布：贵南、共和。

183. 31.7.4 杂种杯冠线虫 *C. hybridus*（Kotlan，1920）Cram，1924

宿主与寄生部位：马、驴、骡。盲肠、结肠。

地理分布：全省。

184. 31.7.5 长伞杯冠线虫 *C. longibursatus*（Yorke et Macfie，1918）Cram，1924

宿主与寄生部位：马、驴、骡。大肠。

地理分布：全省。

185. 31.7.6 微小杯冠线虫 *C. minutus*（Yorke et Macfie，1918）Cram，1924

宿主与寄生部位：马、驴、骡。盲肠、结肠。

地理分布：全省。

186. 31.7.7 斯氏杯冠线虫 *C. skrjabini*（Erschow，1930）Lichtenfels，1975

同物异名：斯氏彼线线虫 *Petrovinema skrjabini*（Erschow，1930）Erschow，1943

宿主与寄生部位：马、驴。盲肠、结肠。

地理分布：全省。

187. 31.7.8 曾氏杯冠线虫 *C. tsengi*（Kung et Yang，1963）Lichtenfels，1975

宿主与寄生部位：马、驴、骡。盲肠、结肠。

地理分布：全省。

32 毛圆科 Trichostrongylidae Leiper，1912

32.1 毛圆属 *Trichostrongylus* Looss，1905

188. 32.1.1 艾氏毛圆线虫 *T. axei*（Cobbold，1879）Railliet et Henry，1909

宿主与寄生部位：绵羊、牛。小肠、皱胃。

地理分布：共和、互助、班玛、兴海、大通、贵德、贵南、海晏。

189. 32.1.2 蛇形毛圆线虫 *T. colubriformis*（Giles，1892）Looss，1905

宿主与寄生部位：牛、羊、骆驼。皱胃、小肠。

地理分布：全省。

190. 32.1.3 枪形毛圆线虫 *T. probolurus*（Railliet，1898）Looss，1905

宿主与寄生部位：绵羊、牛。小肠、皱胃。

地理分布：共和、化隆、贵德、贵南。

191. 32.1.4 祁连毛圆线虫 *T. qilianensis* Luo et Wu，1990

宿主与寄生部位：岩羊。小肠。

地理分布：祁连。

192. 32.1.5 青海毛圆线虫 *T. qinghaiensis* Liang et al.，1987

宿主与寄生部位：绵羊、牦牛。皱胃、小肠。

地理分布：大通、共和、玛多、兴海、祁连、泽库、海晏。

32.2 古柏属 *Cooperia* Ransom，1907

193. 32.2.1 野牛古柏线虫 *C. bisonis* Cran，1925

宿主与寄生部位：绵羊。小肠。

地理分布：全省。

194. 32.2.2 和田古柏线虫 *C. hetianensis* Wu，1966

宿主与寄生部位：牦牛、骆驼。小肠。

地理分布：泽库、班玛、久治、祁连、格尔木。

195. 32.2.3 黑山古柏线虫 *C. hranktahensis* Wu，1965

宿主与寄生部位：牦牛。小肠。

地理分布：全省。

196. 32.2.4 甘肃古柏线虫 *C. kansuensis* Zhu et Zhang，1962

宿主与寄生部位：牦牛。小肠。

地理分布：祁连、泽库、班玛、久治。

197. 32.2.5 肿孔古柏线虫 *C. oncophora*（Railliet，1898）Ransom，1907

宿主与寄生部位：绵羊、牛。皱胃、小肠。

地理分布：共和、兴海。

198. 32.2.6 栉状古柏线虫 *C. pectinata* Ransom，1907

宿主与寄生部位：牦牛。皱胃、小肠。

地理分布：祁连、兴海、泽库、班玛、久治。

199. 32.2.7 匙形古柏线虫 *C. spatulata* Baylis，1938

宿主与寄生部位：绵羊。小肠。

地理分布：全省。

200. 32.2.8 天祝古柏线虫 *C. tianzhuensis* Zhu，Zhao et Liu，1987

宿主与寄生部位：牦牛。小肠。

地理分布：祁连、兴海、泽库、玉树。

201. 32.2.9 珠纳（卓拉）古柏线虫 *C. zurnabada* Antipin，1931

宿主与寄生部位：黄牛、牛。皱胃、小肠。

地理分布：共和、祁连、兴海。

32.3 血矛属 *Haemonchus* Cobbold，1898

202. 32.3.1 捻转血矛线虫 *H. contortus*（Rudolphi，1803）Cobbold，1898

宿主与寄生部位：牛、羊。皱胃。

地理分布：互助、共和、囊谦、祁连、兴海、贵南、海晏。

203.　32.3.2 柏氏血矛线虫　*H. placei* Place，1893

宿主与寄生部位：绵羊。皱胃。

地理分布：大通。

32.4 马歇尔属　*Marshallagia* Orloff，1933

204.　32.4.1 马氏马歇尔线虫　*M. marshalli* Ransom，1907

宿主与寄生部位：绵羊。皱胃、小肠。

地理分布：共和、兴海、大通、祁连、贵南、海晏、互助。

205.　32.4.2 蒙古马歇尔线虫　*M. mongolica* Schumako-vitch，1938

宿主与寄生部位：绵羊、骆驼。皱胃、小肠。

地理分布：全省。

206.　32.4.3 东方马歇尔线虫　*M. orientalis* Bhalerao，1932

宿主与寄生部位：羊。皱胃。

地理分布：海晏。

32.5 似细颈属　*Nematodirella* Yorke et Maplestone，1926

207.　32.5.1 骆驼似细颈线虫　*N. cameli*（Rajewskaja et Badanin，1933）Travassos，1937

宿主与寄生部位：绵羊、骆驼。小肠。

地理分布：格尔木。

208.　32.5.2 长刺似细颈线虫　*N. longispiculata* Hsu et Wei，1950

宿主与寄生部位：羊、骆驼。小肠。

地理分布：贵德、祁连。

209.　32.5.3 最长刺似细颈线虫　*N. longissimespiculata* Romanovitsch，1915

宿主与寄生部位：骆驼。小肠。

地理分布：格尔木。

32.6 细颈属　*Nematodirus* Ransom，1907

210.　32.6.1 畸形细颈线虫　*N. abnormalis* May，1920

宿主与寄生部位：绵羊。小肠。

地理分布：全省。

211.　32.6.2 钝刺细颈线虫　*N. spathiger*（Railliet，1896）Railliet et Henry，1909

宿主与寄生部位：牛、羊。小肠。

地理分布：柴达木。

212.　32.6.3 达氏细颈线虫　*N. davtiani* Grigorian，1949

宿主与寄生部位：羊。小肠、皱胃。

地理分布：共和、贵德、贵南、祁连、海晏、互助

213.　32.6.4 尖交合刺细颈线虫　*N. filicollis*（Rudolphi，1802）Ransom，1907

宿主与寄生部位：、牛、绵羊、骆驼。小肠。

地理分布：共和、祁连、门源、泽库、久治、班玛、互助、兴海、大通、贵南、贵德、格尔木、海晏。

214.　32.6.5 海尔维第细颈线虫　*N. helvetianus* May，1920

宿主与寄生部位：绵羊、山羊、骆驼、黄牛。小肠。

地理分布：全省。

215.　32.6.6 许氏细颈线虫　*N. hsui* Liang，Ma et Lin，1958

宿主与寄生部位：绵羊。小肠。

地理分布：共和、祁连。

216.　32.6.7 奥利春细颈线虫　*N. oriatianus* Rajewskaja，1929

宿主与寄生部位：绵羊、骆驼。小肠。

地理分布：共和、祁连、泽库、兴海、贵南、贵德、互助、格尔木、海晏。

32.7 奥斯特属　*Ostertagia* Ransom，1907

217.　32.7.1 布里亚特奥斯特线虫　*O. buriatica* Konstantinova，1934

宿主与寄生部位：绵羊。皱胃。

地理分布：共和、兴海、大通、贵南、贵德、祁连、互助、海晏。

218. 32.7.2 普通奥斯特线虫 *O. circumcincta*（Stadelmann，1894）Ransom，1907

宿主与寄生部位：牛、羊。皱胃。

地理分布：全省。

219. 32.7.3 达呼尔奥斯特线虫 *O. dahurica* Orloff，Belova et Gnedina，1931

宿主与寄生部位：牛、羊。皱胃、小肠。

地理分布：共和、兴海、大通、贵南、贵德、祁连、互助、海晏。

220. 32.7.4 达氏奥斯特线虫 *O. davtiani* Grigoryan，1951

宿主与寄生部位：绵羊。皱胃。

地理分布：全省。

221. 32.7.5 叶氏奥斯特线虫 *O. erschowi* Hsu，Ling et Liang，1957

宿主与寄生部位：羊。皱胃。

地理分布：全省。

222. 32.7.6 甘肃奥斯特线虫 *O. gansuensis* Chen，1981

宿主与寄生部位：绵羊。皱胃。

地理分布：大通、贵德、互助、海晏。

223. 32.7.7 熊氏奥斯特线虫 *O. hsiungi* Hsu，Ling et Liang，1957

宿主与寄生部位：绵羊。皱胃。

地理分布：全省。

224. 32.7.8 念青唐古拉奥斯特线虫 *O. niangingtangulaensis* Kung et Li，1965

宿主与寄生部位：绵羊。皱胃。

地理分布：全省。

225． 32.7.9 西方奥斯特线虫 *O. occidentalis* Ransom，1907

宿主与寄生部位：羊。皱胃。

地理分布：囊谦。

226． 32.7.10 阿洛夫奥斯特线虫 *O. orloffi* Sankin，1930

宿主与寄生部位：羊。皱胃。

地理分布：兴海。

227． 32.7.11 奥氏奥斯特线虫 *O. ostertagia*（Stiles，1892）Ransom，1907

宿主与寄生部位：黄牛、牦牛、羊。皱胃。

地理分布：祁连、班玛。

228． 32.7.12 斯氏奥斯特线虫 *O. skrjabini* Shen，Wu et Yen，1959

宿主与寄生部位：牦牛、羊。皱胃。

地理分布：兴海。

229． 32.7.13 三歧奥斯特线虫 *O. trifida* Guille，Marotel et Panisset，1911

宿主与寄生部位：绵羊。皱胃。

地理分布：海晏。

230． 32.7.14 三叉奥斯特线虫 *O. trifurcata* Ransom，1907

宿主与寄生部位：牦牛、羊。皱胃。

地理分布：共和、祁连、兴海、贵南。

231． 32.7.15 吴兴奥斯特线虫 *O. wuxingensis* Ling，1958

宿主与寄生部位：绵羊。皱胃、小肠。

地理分布：门源。

33 后圆科 Metastrongylidae Leiper，1908

33.1 后圆属 *Metastrongylus* Molin，1861

232. 33.1.1 猪后圆线虫 *M. apri*（Gmelin，1790）Vostokov，1905

同物异名：长刺后圆线虫 *M. elongatus*（Dujardin，1845）Railliet et Henry，1911

宿主与寄生部位：猪。气管、支气管、细支气管。

地理分布：互助、民和。

233. 33.1.2 复阴后圆线虫 *M. pudendotectus* Wostokow，1905

宿主与寄生部位：猪。气管、支气管、细支气管。

地理分布：互助、民和。

34 网尾科 Dictyocaulidae Skrjabin，1941

34.1 网尾属 *Dictyocaulus* Railliet et Henry，1907

234. 34.1.1 安氏网尾线虫 *D. arnfieldi*（Cobbold，1884）Railliet et Henry，1907

宿主与寄生部位：马。气管、支气管。

地理分布：共和。

235. 34.1.2 鹿网尾线虫 *D. eckerti* Skrjabin，1931

同物异名：埃氏网尾线虫

宿主与寄生部位：鹿。支气管。

地理分布：祁连。

236. 34.1.3 丝状网尾线虫 *D. filaria*（Rudolphi，1809）Railliet et Henry，1907

宿主与寄生部位：绵羊、牦牛。气管、支气管。

地理分布：全省。

237. 34.1.4 卡氏网尾线虫 *D. khawi* Hsü，1935

宿主与寄生部位：牦牛。气管、支气管。

地理分布：祁连、泽库。

238.　34.1.5 胎生网尾线虫　*D. viviparus*（Bloch，1782）Railliet et Henry，1907

宿主与寄生部位：牛。支气管、气管。

地理分布：全省。

35 原圆科　Protostrongylidae Leiper，1926

35.1 原圆属　*Protostrongylus* Kamensky，1905

239.　35.1.1 霍氏原圆线虫　*P. hobmaieri*（Schulz，Orloff et Kutass，1933）Cameron，1934

宿主与寄生部位：绵羊、牦牛。小支气管、支气管。

地理分布：共和、祁连、囊谦、大通、贵德、互助。

240.　35.1.2 赖氏原圆线虫　*P. raillieti*（Schulz，Orloff et Kutass，1933）Cameron，1934

宿主与寄生部位：绵羊。支气管、小支气管。

地理分布：贵德、互助。

241.　35.1.3 淡红原圆线虫　*P. rufescens*（Leuckart，1865）Kamensky，1905

同物异名：柯氏原圆线虫 *P. kochi* Schulz et al.，1933

宿主与寄生部位：绵羊。支气管、细支气管。

地理分布：兴海、囊谦。

35.2 刺尾属　*Spiculocaulus* Schulz，Orloff et Kutass，1933

242.　35.2.1 邝氏刺尾线虫　*S. kwongi*（Wu et Liu，1943）Dougherty et Goble，1946

宿主与寄生部位：绵羊。支气管、细支气管。

地理分布：共和、贵南、祁连、互助。

35.3 不等刺属　*Imparispiculus* Luo，1988

243.　35.3.1 久治不等刺线虫　*I. jiuzhiensis* Luo，Duo et Chen，1988

宿主与寄生部位：高原兔。细支气管。

地理分布：久治。

35. 4 变圆属 *Varestrongylus* Bhalerao，1932

同物异名：歧尾属 *Bicaulus* Schulz et Boev，1940

244. 35.4.1 肺变圆线虫 *V. pneumonicus* Bhalerao，1932

宿主与寄生部位：羊。支气管、细支气管。

地理分布：贵南、贵德、海晏、互助、囊谦、大通、达日、刚察、共和、兴海等。

245. 35.4.2 青海变圆线虫 *V. qinghaiensis* Liu，1984

宿主与寄生部位：绵羊。支气管、细支气管。

地理分布：大通、门源、同仁、玛沁。

246. 35.4.3 舒氏变圆线虫 *V. schulzi* Boev et Wolf，1938

宿主与寄生部位：绵羊、山羊。支气管、细支气管、肺泡。

地理分布：全省。

36 伪达科 Psendaliidae Railliet，1916

36. 1 缪勒属 *Muellerius* Cameron，1927

247. 36.1.1 毛细缪勒线虫 *M. minutissimus*（Megnin，1878）Dougherty et Goble，1946

同物异名：毛样缪勒线虫 *M. capillaris* Muller，1889

宿主与寄生部位：绵羊。支气管、细支气管、毛细支气管、肺泡、肺实质、胸膜下结缔组织。

地理分布：全省。

旋尾目 Spiruridea Diesing，1861

37 旋尾科 Spiruridae Oerley，1885

37. 1 蛔状属 *Ascarops* Beneden，1873

同物异名：螺咽属

248. 37.1.1 有齿蛔状线虫 *A. dentata* Linstow，1904

宿主与寄生部位：猪。胃。

地理分布：民和、互助。

249. 37.1.2 圆形蛔状线虫 *A. strongylina* Rudolphi，1819

宿主与寄生部位：猪。胃。

地理分布：民和、互助。

37.2 泡首属 *Physocephalus* Diesing，1861

250. 37.2.1 六翼泡首线虫 *P. sexalatus* Molin，1860

宿主与寄生部位：猪、驴。胃。

地理分布：全省。

38 筒线科 Gongylonematidae Soboler，1949

38.1 筒线属 *Gongylonema* Molin，1857

251. 38.1.1 美丽筒线虫 *G. pulchrum* Molin，1857

宿主与寄生部位：牛、羊、猪、鹿。食道黏膜下。

地理分布：刚察、互助、共和、兴海、久治、玛沁、祁连、海晏。

39 四棱科 Tetrameridae Travassos，1924

39.1 四棱属 *Tetrameres* Creplin，1846

252. 39.1.1 分棘四棱线虫 *T. fissispina*（Diesing 1861）Travassos，1915

宿主与寄生部位：鸭、鸡、鹅。腺胃。

地理分布：全省。

40 锐形科 Acuariidae Seurat，1913

同物异名：华首科

40.1 锐形属 *Acuaria* Bremser，1811

同物异名：旋唇属 *Cheilospirura* Diesing，1861

253. 40.1.1 钩状锐形线虫 *A. hamulosa* Diesing，1851

宿主与寄生部位：鸡。肌胃角质膜下。

地理分布：平安、民和、互助。

40. 2 副柔属 *Parabronema* **Baylis，1921**

254. 40.2.1 斯氏副柔线虫 *P. skrjabini* Rassowska，1924

宿主与寄生部位：羊、骆驼。皱胃、小肠、盲肠。

地理分布：格尔木。

丝虫目 Filariidea Yamaguti，1961

41 丝虫科 Filariidae Claus，1885

41. 1 副丝属 *Parafilaria* **Yorke et Maplestone，1926**

255. 41.1.1 多乳突副丝虫 *P. mltipapilosa* （Condamine et Dronilly，1878）Yorke et Maplestone，1926

宿主与寄生部位：马。鬐甲、颈、背腹部、皮下组织、肌间结缔组织及血液。

地理分布：共和。

42 蟠尾科 Onchoceridae Chaband et Anderson，1959

42. 1 蟠尾属 *Onchocerca* **Diesing，1841**

同物异名：盘尾属 *Oncocerca* Creplin，1864

256. 42.1.1 颈蟠尾线虫 *O. cervicalis* Railliet et Henry，1910

宿主与寄生部位：马。项韧带、鬐甲部、肌腱、肌肉。

地理分布：玉树、共和。

43 丝状科 Setariidae Skrjabin et Sckikhobalova，1945

43. 1 丝状属 *Setaria* **Viborg，1795**

257. 43.1.1 马丝状线虫 *S. equina* （Abildgaard，1789）Viborg，1795

宿主与寄生部位：马。腹腔、胸腔、阴囊。

地理分布：玉树。

鞭虫目 Trichuridea Yamaguti，1961

同物异名：毛首目 Trichocephalidae；毛尾目

44 鞭虫科　Trichuridae Railliet，1915

同物异名：毛首科 Trichocephalidae Baird，1853

毛体科 Trichosomidae Leiper，1912

44.1 鞭虫属　*Trichuris* Roederer，1761

同物异名：毛首属 *Trichocephalus* Schrank，1788

鞭虫属 *Mastigodes* Zeder，1800

258.　44.1.1 同色鞭虫　*T. concolor* Burdelev，1951

宿主与寄生部位：羊。盲肠。

地理分布：贵南、刚察。

259.　44.1.2 瞪羚鞭虫　*T. gazellae* Gebauer，1933

宿主与寄生部位：绵羊、牛、鹿。盲肠。

地理分布：贵南、刚察、互助、兴海、祁连、囊谦、大通、贵德。

260.　44.1.3 球鞘鞭虫　*T. globulosa* Linstow，1901

宿主与寄生部位：牛、羊、骆驼。盲肠、结肠。

地理分布：共和、玉树、刚察、大通、久治、互助、兴海、泽库、贵德、贵南、祁连、格尔木。

261.　44.1.4 印度鞭虫　*T. indicus* Sarwar，1946

宿主与寄生部位：牛、羊。盲肠。

地理分布：兴海、泽库、玉树。

262.　44.1.5 兰氏鞭虫　*T. lani* Artjuch，1948

宿主与寄生部位：绵羊、骆驼。盲肠、结肠。

地理分布：共和、互助、刚察、兴海、格尔木。

263.　44.1.6 长刺鞭虫　*T. longispiculus* Artjuch，1948

宿主与寄生部位：山羊。盲肠。

地理分布：贵南、久治。

264.　44.1.7 羊鞭虫　*T. ovis* Abilgaard，1795

宿主与寄生部位：绵羊。盲肠。

地理分布：囊谦、大通、贵德、贵南、互助。

265. 44.1.8 斯氏鞭虫 *T. skrjabini* Baskakov，1924

宿主与寄生部位：牦牛。盲肠。

地理分布：兴海、玉树、囊谦。

266. 44.1.9 猪鞭虫 *T. suis* Schrank，1788

宿主与寄生部位：猪。盲肠。

地理分布：互助。

267. 44.1.10 狐鞭虫 *T. vulpis* Froelich，1789

宿主与寄生部位：犬。盲肠。

地理分布：达日、治多、称多、海晏、兴海、祁连。

268. 44.1.11 武威鞭虫 *T. wuweiensis* Yang et Chen，1978

宿主与寄生部位：牦牛。盲肠。

地理分布：兴海、祁连。

45 毛细科 Capillariidae Neveu-Lemaire，1936

45.1 毛细属 *Capillaria Zeder*，1800

269. 45.1.1 双瓣毛细线虫 *C. bilobata* Bhalerao，1933

宿主与寄生部位：牦牛、绵羊。小肠。

地理分布：泽库、班玛。

270. 45.1.2 牛毛细线虫 *C. bovis* Schnyder，1906

同物异名：长颈毛细线虫 *C. longicollis* Rudolphi，1819

宿主与寄生部位：牦牛、绵羊。小肠。

地理分布：互助、共和、刚察、玛沁、祁连、泽库、海晏。

271. 45.1.3 封闭毛细线虫 *C. obsignata* Madsen，1945

同物异名：鸽毛细线虫 *C. columbae* Rudolphi，1819

长颈毛细线虫 *C. longicollus* Rudolphi，1819

宿主与寄生部位：鸡。小肠。

地理分布：平安、民和、互助。

46 毛形科　Trichinellidae Ward，1907

46.1 毛形属　*Trichinella* Railliet，1895

272.　46.1.1 旋毛形线虫　*T. spiralis*（Owen，1835）Railliet，1895

宿主与寄生部位：猪、兔、山羊、羊、黄牛、牛。小肠（幼虫于横纹肌中）。

地理分布：西宁、同仁、贵德、乐都。

第三部分 节肢动物

节肢动物门 Arthropoda Sieboldet et Stannius，1845

蛛形纲 Arachnida Lamarck，1915

寄形目 Parasitiformes Krantz，1978

47 硬蜱科 Ixodidae Murray，1877

47.1 硬蜱属 *Ixodes* Latreille，1795

273.　47.1.1 卵形硬蜱 *I. ovatus* Neumann，1899

同物异名：新竹硬蜱 *I. shinchikuensis* Sugimoto，1937

宿主与寄生部位：绵羊、山羊、马、黄牛、牦牛、犏牛、猪。体表。

地理分布：班玛。

47.2 血蜱属 *Haemaphysalis* Koch，1844

274.　47.2.1 嗜麝血蜱 *H. moschisuga* Teng，1980

宿主与寄生部位：黄牛、牦牛。体表。

地理分布：囊谦。

275.　47.2.2 青海血蜱 *H. qinghaiensis* Teng，1980

宿主与寄生部位：黄牛、牦牛、绵羊、山羊、马、驴、骡、兔。体表。

地理分布：湟源、班玛、久治、民和、乐都、循化、大通、互助、门源、尖扎等地。

276. 47.2.3 西藏血蜱　*H. tibetensis* Hoogstraal，1965

宿主与寄生部位：绵羊、牦牛、犬。体表。

地理分布：循化、化隆。

277. 47.2.4 新疆血蜱　*H. xinjiangensis* Teng，1980

同物异名：丹氏血蜱 *H. danieli* Cerny et Hoogstraal，1977

宿主与寄生部位：绵羊、山羊、北山羊。体表。

地理分布：全省。

47.3 革蜱属　*Dermacentor* Koch，1844

278. 47.3.1 阿坝革蜱　*D. abaensis* Teng，1963

宿主与寄生部位：绵羊、牦牛、犏牛、马。体表。

地理分布：门源、贵南、尖扎、班玛。

279. 47.3.2 草原革蜱　*D. nuttalli* Olenev，1928

宿主与寄生部位：马、驴、黄牛、牦牛、犏牛、骆驼、绵羊、山羊、犬、兔。体表。

地理分布：全省。

280. 47.3.3 森林革蜱　*D. silvarum* Olenev，1931

宿主与寄生部位：黄牛、绵羊、山羊、马、骆驼、猪、犬、兔。体表。

地理分布：化隆、大通、泽库。

47.4 璃眼蜱属　*Hyalomma* Koch，1844

281. 47.4.1 亚洲璃眼蜱　*H. asiaticum* Schulze et Schlottke，1929

宿主与寄生部位：黄牛、骆驼、绵羊、山羊、马、驴、骡、猪、犬、猫、兔。体表。

地理分布：全省。

48 软蜱科　Argasidae Canestrini，1890

48.1 锐缘蜱属　*Argas* Latreille，1796

282. 48.1.1 波斯锐缘蜱　*A. persicus* Oken，1818

宿主与寄生部位：鸡、鹅、牛、羊、猪、骆驼。体表。

地理分布：格尔木。

48.2 钝缘蜱属　*Ornithodorus* Koch，1844

283.　48.2.1 拉哈尔钝缘蜱　*O. lahorensis* Neumann，1908

宿主与寄生部位：黄牛、绵羊、山羊、骆驼、马、驴、犬、鸡。体表。

地理分布：乐都、循化。

284.　48.2.2 乳突钝缘蜱　*O. papillipes* Birula，1895

宿主与寄生部位：犬、绵羊、山羊、兔。体表。

地理分布：乐都、循化。

真螨目　**Acariformes Krante，1978**

49 蠕形螨科　Demodicidae Nicolet，1855

49.1 蠕形螨属　*Demodex* Owen，1843

285.　49.1.1 猪蠕形螨　*D. phylloides* Csokor，1879

宿主与寄生部位：猪。毛囊，少数寄生于皮脂腺。

地理分布：西宁、共和。

50 肉食螨科　Cheyletidae Leach，1814

50.1 羽管螨属　*Syringophilus* Heller，1880

286.　50.1.1 双梳羽管螨　*S. bipectinatus* Heller，1880

宿主与寄生部位：鸡、鸭、鹅。羽管。

地理分布：民和、互助、湟源、大通、乌兰、共和。

51 疥螨科　Sarcoptidae Trouessart，1892

51.1 疥螨属　*Sarcoptes* Latreille，1802

287.　51.1.1 牛疥螨　*S. scabiei* var. *bovis* Cameron，1924

宿主与寄生部位：黄牛、牦牛、犏牛。皮肤。

地理分布：全省。

288.　51.1.2 山羊疥螨　*S. scabiei* var. *caprae* Fürstenberg，1861

宿主与寄生部位：山羊。皮肤。

地理分布：互助、湟源、门源、都兰、乌兰、德令哈、格尔木、尖扎等地。

289. 51.1.3 马疥螨 *S. scabiei* var. *equi* Gerlach，1857

宿主与寄生部位：马、驴、骡。皮肤。

地理分布：共和、贵南、门源、湟源等地。

290. 51.1.4 绵羊疥螨 *S. scabiei* var. *ovis* Mégnin，1880

宿主与寄生部位：绵羊。皮肤。

地理分布：全省。

291. 51.1.5 猪疥螨 *S. scabiei* var. *suis* Gerlach，1857

宿主与寄生部位：猪。皮肤。

地理分布：互助、湟源、平安、乐都等地。

52 痒螨科 Psoroptidae Canestrini，1892

52.1 痒螨属 *Psoroptes* Gervais，1841

292. 52.1.1 马痒螨 *P. equi* Hering，1838

宿主与寄生部位：马、驴、骡。体表。

地理分布：民和、湟中、共和、贵德、同德、贵南、刚察、河南等地。

293. 52.1.2 牛痒螨 *P. equi* var. *bovis* Gerlach，1857

宿主与寄生部位：黄牛、牦牛。体表。

地理分布：民和、湟中、共和、贵德、同德、贵南、刚察、河南等地。

294. 52.1.3 山羊痒螨 *P. equi* var. *caprae* Hering，1838

宿主与寄生部位：山羊。体表。

地理分布：湟源、贵南、门源、都兰、乌兰、德令哈、格尔木、尖扎。

295. 52.1.4 兔痒螨 *P. equi* var. *cuniculi* Delafond，1859

宿主与寄生部位：兔。体表、外耳道。

地理分布：互助、湟中。

296. 52.1.5 绵羊痒螨 *P. equi* var. *ovis* Hering，1838

宿主与寄生部位：绵羊。体表。

地理分布：民和、湟中、共和、祁连、贵德、同德、贵南、刚察、河南等地。

昆虫纲　Insecta Linnaeus，1758

虱目　Anoplura Leach，1815

53 血虱科　Haematopinidae Enderlein，1904

53.1 血虱属　*Haematopinus* Leach，1815

297. 53.1.1 驴血虱 *H. asini* Linnaeus，1758

同物异名：马血虱 *H. equi* Simmonds，1865；黑头虱 *Pediculus macrocephalus* Burmeister，1838

宿主与寄生部位：马、驴、骡。体表。

地理分布：全省。

298. 53.1.2 阔胸血虱 *H. eurysternus* Denny，1842

同物异名：牛血虱

宿主与寄生部位：黄牛、水牛、牦牛。体表。

地理分布：全省。

299. 53.1.3 猪血虱 *H. suis* Linnaeus，1758

宿主与寄生部位：猪。体表。

地理分布：民和、乐都、湟中、大通、西宁、湟源。

54 颚虱科　Linognathidae Webb，1946

54.1 颚虱属　*Linognathus* Enderlein，1904

300. 54.1.1 绵羊颚虱 *L. ovillus* Neumann，1907

宿主与寄生部位：绵羊。体表。

地理分布：全省。

301. 54.1.2 足颚虱 *L. pedalis* Osborn，1896

宿主与寄生部位：绵羊。体表（腿下部）。

地理分布：全省。

302. 54.1.3 狭颚虱 *L. stenopsis* Burmeister，1838

同物异名：山羊颚虱

宿主与寄生部位：山羊。体表。

地理分布：全省。

303. 54.1.4 牛颚虱 *L. vituli* Linnaeus，1758

宿主与寄生部位：黄牛、水牛、牦牛。体表。

地理分布：全省。

食毛目 Mallophga Nitzsch，1818

55 毛虱科 Trichodectidae Kellogg，1896

55.1 毛虱属 *Bovicola* Ewing，1929

304. 55.1.1 牛毛虱 *B. bovis* Linnaeus，1758

宿主与寄生部位：黄牛、水牛。体表。

地理分布：全省。

305. 55.1.2 山羊毛虱 *B. caprae* Gurlt，1843

宿主与寄生部位：山羊。体表。

地理分布：全省。

306. 55.1.3 绵羊毛虱 *B. ovis* Schrank，1781

宿主与寄生部位：绵羊。体表。

地理分布：全省。

55.2 啮毛虱属 *Trichodectes* Linne，1758

307. 55.2.1 马啮毛虱 *T. equi* Denny，1842

宿主与寄生部位：马、驴、骡。体表（颈、尾基部）。

地理分布：全省。

56 长角羽虱科 Philopteridae Burmeister，1838

56.1 长羽虱属 *Lipeurus* Nitzsch，1886

308. 56.1.1 广幅长羽虱 *L. heterographus* Nitzsch，1866

宿主与寄生部位：鸡、鹅。体表（头、颈）。

地理分布：民和、平安。

56.2 圆羽虱属 *Goniocotes* Nitzsch，1866

309. 56.2.1 鸡圆羽虱 *G. gallinae* De Geer，1778

宿主与寄生部位：鸡。体表（背部、臀部）。

地理分布：民和、平安。

蚤目 Siphonaptera，1825

57 蠕形蚤科 Vermipsyllidae Wagner，1889

57.1 蠕形蚤属 *Vermipsylla* Schimkewitsch，1885

310. 57.1.1 花蠕形蚤 *V. alakurt* Schimkewitsch，1885

宿主与寄生部位：绵羊、山羊、黄牛、牦牛、马、骡。体表。

地理分布：乐都、平安、互助、湟中、大通、湟源、祁连、门源、共和、兴海、都兰、治多等地。

311. 57.1.2 似花蠕形蚤中亚亚种 *V. perplexa centrolasia* Liu，Wu et Wu，1982

宿主与寄生部位：山羊。体表。

地理分布：祁连、兴海、玛多。

57.2 长喙蚤属 *Dorcadia* Ioff，1946

同物异名：羚蚤属

312. 57.2.1 狍长喙蚤 *D. dorcadia* Rothschild，1912

宿主与寄生部位：黄牛、山羊、绵羊。体表。

地理分布：祁连、共和、玛沁。

313. 57.2.2 羊长喙蚤 *D. ioffi* Smit，1953

同物异名：尤氏长喙蚤

宿主与寄生部位：绵羊、山羊、马、驴、黄牛、牦牛。体表。

地理分布：祁连、兴海。

314. 57.2.3 青海长喙蚤 *D. qinghaiensis* Zhan，Wu et Cai，1991

宿主与寄生部位：绵羊。体表。

地理分布：兴海、玛多。

58 角叶蚤科 Ceratophyllidae Dampf，1908

58.1 副角蚤属 *Paraceras* Wagner，1916

315. 58.1.1 扇形副角蚤 *P. flabellum* Wagner，1916

宿主与寄生部位：犬。体表。

地理分布：西宁、贵南。

双翅目 Diptera Linneaus，1758

59 皮蝇科 Hypodermatidae（Rondani，1856）Townsend，1916

59.1 皮蝇属 *Hypoderma* Latreille，1818

316. 59.1.1 牛皮蝇（蛆） *H. bovis* Linnaeus，1758

宿主与寄生部位：黄牛、牦牛，偶见于马、驴、绵羊、山羊。皮下。

地理分布：全省。

317. 59.1.2 纹皮蝇（蛆） *H. lineatum* de Villers，1789

宿主与寄生部位：黄牛、牦牛，偶见于马、绵羊。皮下。

地理分布：全省。

318. 59.1.3 中华皮蝇（蛆） *H. sinensis* Pleske，1925

宿主与寄生部位：牦牛、牛。皮下。

地理分布：全省。

60 狂蝇科 Oestridae Leach，1856

60.1 狂蝇属 *Oestrus* Linnaeus，1756

319. 60.1.1 羊狂蝇（蛆） *O. ovis* Linnaeus，1758

宿主与寄生部位：绵羊、山羊、骆驼。鼻腔、鼻旁窦、额窦、上额窦、颅腔、角窦、眼。

地理分布：民和、湟源、互助、湟中、海晏、共和、兴海、天峻、刚察、化隆、都兰、同德、玛沁、贵南、大通、祁连、门源、同仁、尖扎。

61 胃蝇科　Gasterophilidae Bazzi Stein，1907

61.1 胃蝇属　*Gasterophilus* Leach，1817

320.　61.1.1 红尾胃蝇（蛆）　*G. haemorrhoidalis* Linnaeus，1761

同物异名：痔胃蝇

宿主与寄生部位：马、驴、骡。胃、十二指肠。

地理分布：大通、共和、互助、治多、玉树、玛沁等地。

321.　61.1.2 肠胃蝇（蛆）　*G. intestinalis* de Geer，1776

宿主与寄生部位：马、驴、骡。胃、十二指肠。

地理分布：大通、互助、湟源、共和、刚察等地。

322.　61.1.3 黑腹胃蝇（蛆）　*G. pecorum* Fabricius，1794

同物异名：兽胃蝇

宿主与寄生部位：马、驴、骡。胃、十二指肠。

地理分布：全省。

323.　61.1.4 烦拢胃蝇（蛆）　*G. veterinus* Clark，1797

同物异名：喉胃蝇、鼻胃蝇 *G. nasalis* Linnaeus，1758

宿主与寄生部位：马、驴、骡。胃、肠。

地理分布：大通、互助、西宁、共和、刚察等地。

62 丽蝇科　Calliphoridae Brauer，1889

62.1 绿蝇属　*Lucilia* Robineau‐Desvoidy，1830

324.　62.1.1 丝光绿蝇（蛆）　*L. sericata* Meigen，1826

宿主与寄生部位：水牛、绵羊、家畜。伤口。

地理分布：全省。

62.2 丽蝇属　*Calliphora* Robineau‐Desvoidy，1830

同物异名：阿丽蝇属 *Aldrichina* Townsend，1934

325.　62.2.1 青海丽蝇　*C. chinghaiensis* Van et Ma，1978

地理分布：全省。

326. 62.2.2 祁连丽蝇　*C. rohdendorfi* Grunin，1970

地理分布：祁连。

327. 62.2.3 红头丽蝇（蛆）　*C. vicina* Robineau - Desvoidy，1830

宿主与寄生部位：家畜。伤口。

地理分布：全省。

328. 62.2.4 柴达木丽蝇（蛆）　*C. zaidamensis* Fan，1965

地理分布：乌兰、都兰、德令哈、格尔木等地。

63 麻蝇科　Sarcophagidae Helicophagella Enderlein，1928

63.1 粪麻蝇属　*Bercaea* Robineau - Desvoidy，1863

329. 63.1.1 红尾粪麻蝇　*Bercaea haemorrhoidalis* Fallen，1816

宿主与寄生部位：马、牛、羊、骆驼。伤口。

地理分布：全省。

63.2 污蝇属　*Wohlfahrtia* Brauer et Bergenstamm，1889

同物异名：野蝇属

330. 63.2.1 阿拉善污蝇（蛆）　*W. fedtschenkoi* Rohdendorf，1956

宿主与寄生部位：马、牛、羊、骆驼。伤口。

地理分布：全省。

331. 63.2.2 黑须污蝇（蛆）　*W. magnifica* Schiner，1862

同物异名：巨吴氏野蝇

宿主与寄生部位：黄牛、绵羊、山羊、骆驼、马、驴、骡。伤口。

地理分布：全省。

63.3 亚麻蝇属　*Parasercophaga* Tohnstonet et al.，1921

332. 63.3.1 华北亚麻蝇　*P. angarosinica* Rohdendorf，1937

地理分布：全省。

333. 63.3.2 蝗尸亚麻蝇　*P. jacobsoni* Rohdendorf，1937

地理分布：全省。

334. 63.3.3 急钓亚麻蝇 *P. portschinskyi* Rohdendorf，1937

地理分布：全省。

63.4 麻蝇属 *Sarcophaga* Meigen，1826

335. 63.4.1 肥须麻蝇 *S. crassipalpis* Macquart，1839

地理分布：全省。

64 蚋科 Simulidae Latreille，1802

64.1 维蚋属 *Wilhelmia* Enderlein，1921

336. 64.1.1 马维蚋 *W. equina* Linnaeus 1746

地理分布：全省。

65 螫蝇科 Stomoxyidae Meigen，1824

65.1 角蝇属 *Lyperosia* Rondani，1856

337. 65.1.1 截脉角蝇 *L. titillans* Bezzi，1907

地理分布：全省。

66 虱蝇科 Hippoboscidae Linne，1761

66.1 蜱蝇属 *Melophagus* Latereille，1804

338. 66.1.1 羊蜱蝇 *M. ovinus* Linnaeus，1758

宿主与寄生部位：绵羊、山羊。体表。

地理分布：全省。

67 花蝇科 Anthomyiidae Schnabl et Dziedzicki，1911

67.1 粪种蝇属 *Adia* Robineau-Desvoidy，1892

339. 67.1.1 粪种蝇 *A. cinerella* Fallen，1825

地理分布：全省。

68 虻科 Tabanidae Latreille，1802

宿主与寄生部位：本科所列虫体宿主为家畜，少有家禽。寄生部位为体表。

68.1 斑虻属 *Chrysops* Meigen，1803

340. 68.1.1 高原斑虻 *C. plateauna* Wang，1978

地理分布：大通、玉树、格尔木。

341.　68.1.2 娌斑虻　*C. ricardoae* Pleske，1910

同物异名：小点斑虻

地理分布：湟源。

342.　68.1.3 宽条斑虻　*C. semiignitus* Krober，1930

地理分布：茫崖、湟中、互助。

343.　68.1.4 中华斑虻　*C. sinensis* Walker，1856

地理分布：湟源、乐都。

344.　68.1.5 合瘤斑虻　*C. suavis* Loew，1858

同物异名：密斑虻

地理分布：湟源、湟中、贵德。

68.2 麻虻属　*Haematopota* Meigen，1803

345.　68.2.1 触角麻虻　*H. antennata* Shiraki，1932

地理分布：刚察、互助、门源、平安。

346.　68.2.2 甘肃麻虻　*H. kansuensis* Krober，1934

地理分布：湟中、湟源、大通、民和、乐都。

347.　68.2.3 土耳其麻虻　*H. turkestanica* Krober，1922

地理分布：互助、湟中、湟源、民和、乐都。

348.　68.2.4 低额麻虻　*H. ustulata* Krober，1933

同物异名：赤褐麻虻

地理分布：刚察、互助、门源、平安。

68.3 黄虻属　*Atylotus* Osten－Sacken，1876

349.　68.3.1 双斑黄虻　*A. bivittateinus* Takahasi，1962

地理分布：天峻、茫崖、德令哈、格尔木。

350.　68.3.2 骚扰黄虻　*A. miser* Szilady，1915

同物异名：憎黄虻

地理分布：贵德。

351.　68.3.3 四列黄虻　*A. quadrifarius* Loew，1874

地理分布：茫崖、德令哈、冷湖、格尔木。

352.　68.3.4 黑胫黄虻　*A. rusticus* Linnaeus，1767

同物异名：村黄虻

地理分布：天峻、茫崖、德令哈、格尔木。

68.4 瘤虻属 *Hybomitra* Enderlerlein，1922

353. 68.4.1 尖腹瘤虻 *H. acuminata* Loew，1858

地理分布：门源、贵德、湟中、湟源。

354. 68.4.2 短额瘤虻 *H. brevifrons* Krober，1934

地理分布：互助、门源、祁连。

355. 68.4.3 膨条瘤虻 *H. expollicata* Pandelle，1883

同物异名：黑带瘤虻

地理分布：互助、湟源、祁连、平安、湟中、贵德。

356. 68.4.4 草瘤虻 *H. gramina* Xu，1983

地理分布：全省。

357. 68.4.5 海东瘤虻 *H. haidongensis* Xu et Jin，1990

地理分布：平安、湟中。

358. 68.4.6 全黑瘤虻 *H. holonigera* Xu et Li，1982

地理分布：全省。

359. 68.4.7 拉东瘤虻 *H. ladongensis* Liu et Yao，1981

同物异名：拟黑腹瘤虻 *H. atriperoides*

地理分布：祁连。

360. 68.4.8 马氏瘤虻 *H. mai* Liu，1959

同物异名：高原瘤虻

地理分布：泽库、称多、门源、玛多、玛沁、达日、祁连、玉树、贵南。

361. 68.4.9 白缘瘤虻 *H. marginialla* Liu et Yao，1982

地理分布：祁连。

362. 68.4.10 蜂形瘤虻 *H. mimapis* Wang，1981

地理分布：全省。

363. 68.4.11 突额瘤虻 *H. montana* Meigen，1820

同物异名：山瘤虻、高山瘤虻

地理分布：湟源、贵德、尖扎。

364. 68.4.12 摩根氏瘤虻 *H. morgani* Surcouf，1912

同物异名：订正瘤虻、密瘤虻

地理分布：全省

365. 68.4.13 短板瘤虻 *H. muehlfeldi* Brauer，1880

地理分布：全省

366. 68.4.14 黑带瘤虻 *H. nigrivitta* Pandelle，1883

地理分布：全省

367. 68.4.15 祁连瘤虻 *H. qiliangensis* Liu et Yao，1981

地理分布：祁连

368. 68.4.16 青海瘤虻 *H. qinghaiensis* Liu et Yao，1981

地理分布：祁连

369. 68.4.17 细瘤瘤虻 *H. svenbedini* Krober，1933

地理分布：玉树。

370. 68.4.18 鹿角瘤虻 *H. tarandina* Linnaeus，1761

地理分布：全省

371. 68.4.19 无带瘤虻 *H. afasciata* Wang，1989

地理分布：全省

68.5 虻属 *Tabanus* Linnaeus，1761

同物异名：原虻属

372. 68.5.1 佛光虻 *T. buddha* Portschinsky，1887

同物异名：布虻

地理分布：全省。

373. 68.5.2 黎氏虻 *T. leleani* Austen，1920

同物异名：黑虻、白须虻

地理分布：湟中、平安、乐都。

374. 68.5.3 副菌虻 *T. parabactrianus* Liu，1960

地理分布：民和、湟源、乐都、尖扎。

375. 68.5.4 类柯虻 *T. subcordiger* Liu，1960

地理分布：民和、乐都。

376. 68.5.5 基虻 *T. zimini* Olsufjev，1937

同物异名：沙漠虻

地理分布：湟源、尖扎。

69 蚊科 Culicidae Meigen，1818

本科各属虫种所列寄生虫寄生于家畜、家禽体表。

69.1 库蚊属 *Culex* Linnaeus，1758

377. 69.1.1 凶小库蚊 *C. modestus* Ficalbi，1889

地理分布：全省。

69.2 伊蚊属 *Aedes* Meigen，1818

378. 69.2.1 屑皮伊蚊 *A. detritus* Haliday，1833

地理分布：全省。

379. 69.2.2 背点伊蚊 *A. dorsalis* Meigen，1830

寄主：主要寄生于牛、马。

地理分布：全省。

380. 69.2.3 黄色伊蚊 *A. flavescens* Muller，1764

地理分布：全省。

69.3 脉毛蚊属 *Culiseta* Felt，1964

381. 69.3.1 阿拉斯加脉毛蚊 *C. alaskaensis* Ludlow，1906

地理分布：全省。

69.4 曼蚊属 *Mansonia* Blanchard，1901

382. 69.4.1 常型曼蚊 *M. uniformis* Theobald，1901

地理分布：全省。

70 蠓科 Ceratopogonidae Mallocah，1917

本科所列寄生虫均寄生于家畜、家禽体表。

70.1 库蠓属 *Culicoides* Latreille，1809

383. 70.1.1 环斑库蠓 *C. circumscriptus* Kieffer，1918

地理分布：全省。

384. 70.1.2 原野库蠓 *C. homotomus* Kieffer，1921

同物异名：同体库蠓

地理分布：全省。

385. 70.1.3 日本库蠓 *C. nipponensis* Tokunaga，1955

地理分布：全省。

386. 70.1.4 曲囊库蠓 *C. puncticollis* Becker，1903

同物异名：刺库蠓

地理分布：全省。

71 毛蛉科 Psychodidae Bigot，1854

本科所列寄生虫寄生于不同家畜、家禽体表。

71.1 白蛉属 *Phlebotomus* Rondani et Berte，1840

387. 71.1.1 中华白蛉 *P. chinensis* Newstead，1916

宿主与寄生部位：犬。体表。

地理分布：全省。

71.2 司蛉属 *Sergentomyia* Franca et al.，1920

388. 71.2.1 鳞喙司蛉 *S. squamirostris* Newstead，1923

地理分布：全省。

五口虫纲 Pentastomida Shipley，1905

同物异名：蠕形纲

舌形虫目 Porocephalida Heymons，1935

72 舌形科 Linguatulidae Haldeman，1851

72.1 舌形属 *Linguatula* Frölich，1789

389. 72.1.1 锯齿舌形虫 *L. serrata* Frölich，1789

宿主与寄生部位：牛、绵羊、山羊、犬的鼻腔、额窦。幼虫寄生于马、牛、绵羊、山羊、兔的肺、肝等内脏及淋巴结。

地理分布：共和、兴海、互助、刚察、玉树、都兰、囊谦、海晏、久治、治多等地。

参 考 文 献

安成文，1997. 德令哈地区羊肝片吸虫调查 [J]. 青海畜牧兽医杂志
　（3）：33.

才旦加，2012. 高海拔牧区藏系绵羊肝片吸虫病流行病学调查 [J]. 畜牧与
　兽医，44（8）：101-102.

蔡金山，李连芳，马睿麟，等，2013. 青海共和地区牛羊寄生虫区系调查
　报告 [J]. 中国兽医杂志，49（7）：48-49.

蔡金山，马睿麟，李静，等，2013. 牦牛体内发现圆形蛔状线虫 [J]. 中国
　兽医杂志，49（6）：80.

蔡金山，马睿麟，李连芳，等，2013. 青海省牛、羊棘球蚴病流行病学调
　查 [J]. 中国动物检疫，30（1）：46-47.

蔡进忠，2006. 青海省反刍家畜寄生线虫的分类整理 [J]. 中国寄生虫学与
　寄生虫病杂志（S1）：68-72.

蔡进忠，2007. 牦牛皮蝇蛆病的流行病学与危害调查 [J]. 青海畜牧兽医杂
　志（2）：32-34.

蔡进忠，李春花，2010. 青海省畜禽寄生虫虫种资源与分布 [J]. 中国动物
　传染病学报（1）：64-67.

曹谦，2007. 同仁县绵羊肺线虫病感染情况及防治措施 [J]. 中国草食动物
　（1）：66.

柴正明，2012. 青海兴海牦牛肝片吸虫感染情况调查 [J]. 中国兽医杂志，
　48（12）：43-44.

柴正明，2013. 兴海县牦牛肝片吸虫感染情况调查 [J]. 畜牧与兽医，45
　（2）：112.

陈刚，罗建中，1985. 贵南县茫拉公社山羊寄生虫调查报告 [J]. 青海畜牧
　兽医杂志（6）：17-18，21.

陈刚，罗建忠，张浩吉，等，1991. 海晏县绵羊寄生虫调查 [J]. 青海畜牧

兽医杂志（3）：15-16.

陈刚，杨枝，罗建忠，等，1991. 民和、大通部分地区绵羊、黄牛肝片吸虫病调查 [J]. 青海畜牧兽医杂志（5）：25.

陈林，2012. 青海称多县藏系绵羊寄生虫区系调查 [J]. 畜牧与兽医，44（9）：112.

褚荣鹏，2008. 果洛州大武地区绵羊局部脏器寄生虫调查 [J]. 中国动物检疫，25（3）：34-35.

措毛吉，2012. 青海玛沁县绵羊寄生虫感染情况调查 [J]. 青海畜牧兽医杂志，42（4）：41.

达热卓玛，2017. 高原地区牦牛寄生虫病流行病学调查 [J]. 中国畜牧兽医文摘，33（12）：105.

东主，李积程，孙锦康，等，1991. 香日德农场绵羊寄生虫调查 [J]. 青海畜牧兽医杂志（1）：35.

都兰县畜牧兽医站，1983. 都兰地区牛皮蝇幼虫地理分布调查报告 [J]. 青海畜牧兽医杂志（6）：21-23.

付国障，郭仁民，王文祥，等，1983. 青海省大通牛场牦牛牛皮蝇三期幼虫感染情况调查报告 [J]. 青海畜牧兽医杂志（5）：25-27.

更太友，2009. 青海兴海牦牛住肉孢子虫感染情况调查 [J]. 中国兽医杂志 45（12）：49.

郭志宏，彭毛，沈秀英，等，2017. 青海部分地区不同年龄段牦牛球虫感染情况的调查 [J]. 青海大学学报（2）：42-47.

韩占成，李昕，杨文才，2000. 贵南县绵羊寄生虫调查 [J]. 青海畜牧兽医杂志（5）：29.

贺飞飞，李春花，雷萌桐，等，2015. 青海省海南州兴海县牦牛寄生虫病流行情况调查 [J]. 畜牧与兽医（2）：107-111.

侯德慧，1980. 青海牦牛常见的传染病和寄生虫病（一）[J]. 中国牦牛（2）：24-28.

侯德慧，1980. 青海牦牛常见的传染病和寄生虫病（二）[J]. 中国牦牛（3）：29-31，50.

侯三忠，李尔明，王维学，等，1982. 牦牛皮蝇幼虫的调查报告 [J]. 畜牧兽医资料汇编：54-56.

胡德元，苏延成，祁福显，等，1983. 达日县上红科地区绵羊寄生虫区系

调查报告 [J]. 青海畜牧兽医杂志 (4)：36 - 37.

胡广卫，蔡金山，马睿麟，等，2013. 贵南地区牦牛寄生虫季节动态调查 [J]. 中国兽医杂志，49 (7)：45 - 47.

胡广卫，蔡金山，马睿麟，等，2014. 贵南地区牦牛寄生虫感染情况调查 [J]. 青海畜牧兽医杂志，44 (1)：28 - 29.

胡广卫，沈艳丽，赵全邦，等，2018. 青海部分地区牛羊蜱等外寄生虫调查 [J]. 吉林畜牧兽医，39 (9)：8 - 9.

黄兵，2014. 中国家畜家禽寄生虫名录 [M]. 2 版. 北京：中国农业科学技术出版社.

黄兵，董辉，沈杰，2004. 中国家畜家禽球虫种类概述 [J]. 中国预防兽医学报，26 (4)：313 - 316.

黄兵，沈杰，2006. 中国畜禽寄生虫形态学分类图谱 [M]. 北京：中国农业科学技术出版社.

黄守云，1982. 青海省海北地区牦牛皮蝇的调查报告 [J]. 兽医科技杂志 (6)：39 - 40.

黄守云，1986. 用等电点聚焦电泳法对中华皮蝇和纹皮蝇蛋白质的分析比较 [J]. 中国兽医科技 (9)：37 - 38.

黄守云，颉耀菊，李宝琛，1983. 中华皮蝇的形态研究 [J]. 兽医科技杂志 (4)：2 - 5.

黄孝玢，1993. 牛皮蝇、纹皮蝇和中华皮蝇三期幼虫蛋白质电泳图谱及 ACP、AKP 活性的比较 [J]. 中国牦牛 (2)：11 - 12.

康明，1996. 天峻县天棚乡绵羊寄生虫区系调查 [J]. 青海畜牧兽医杂志 (6)：26 - 27.

孔繁瑶，1997. 家畜寄生虫学 [M]. 2 版. 北京：中国农业大学出版社.

喇红青，2014. 共和地区牦牛寄生虫感染情况调查 [J]. 中国畜禽种业，10 (5)：130 - 131.

雷萌桐，蔡进忠，李春花，等，2016. 青海祁连牦牛寄生虫病流行情况调查 [J]. 中国兽医杂志 (7)：44 - 46.

雷萌桐，蔡进忠，李春花，等，2016. 我国牦牛体外寄生虫感染概况 [J]. 中国兽医杂志 (8)：68 - 70.

李春花，蔡进忠，2009. 青海省部分地区牦牛和绵羊住肉孢子虫病流行病学调查 [J]. 中国兽医杂志 (9)：33 - 35.

李春花，蔡进忠，2009.青海省部分地区牦牛和绵羊住肉孢子虫病流行病学调查 [J].中国兽医杂志（9）：33-35.

李东曲，吴作良，2008.青海格尔木地区绵羊内寄生虫区系调查 [J].畜牧兽医杂志，27 (84)：66-67.

李剑，蔡进忠，马金云，等，2011.祁连地区牦牛皮蝇蛆病流行病学调查 [J].中国兽医杂志，47 (7)：33-34.

李进锋，2013.曲麻莱县藏牦牛寄生虫调查与防治 [J].中国畜禽种业，9 (6)：36-37.

李静，蔡金山，赵全邦，等，2014.柴达木盆地剖检牦牛体内寄生虫检查 [J].中国兽医杂志，50 (12)：41-42.

李静，胡广卫，赵全邦，等，2019.青海省柴达木地区岩羊寄生虫调查报告 [J].今日畜牧兽医，35 (10)：69,9.

李静，赵全邦，胡广卫，等，2020.青海海晏地区牦牛、藏羊胃肠道线虫和组织期幼虫调查 [J].中国兽医杂志，56 (6)：52-54.

李伟，2000.青海省棘球蚴病的调查研究 [J].青海畜牧兽医杂志（2）：12-14.

李伟，2007.青海省焦虫病的流行概况 [J].青海畜牧兽医杂志（4）：37-38.

李闻，1989.牦牛寄生虫调查及胎生网尾线虫发育特性的初步观察 [J].中国牦牛（3）：25-28.

李幸荣，刘先林，扎西，1985.称多县牦牛消化道寄生虫调查 [J].青海畜牧兽医杂志（6）：51.

李英，李增魁，圈华，等，2010.青海省互助县牦牛弓形虫血清学调查 [J].防检技术，27 (4)：52-53.

李永霞，2014.海晏牛羊肝片吸虫病的调查和防治 [J].中国畜牧兽医文摘，30 (5)：95.

刘生财，2015.青海省玉树州治多县藏羊寄生虫区系调查 [J].中国兽医杂志，51 (6)：54-57.

刘文道，彭毛，蒋元生，等，1989.青海省牦牛寄生虫调查及我国牦牛寄生虫种类的鉴别 [J].中国兽医科技，41 (6)：16-18.

陆艳，李晓卉，2005.青海省弓形虫病流行病学调查 [J].中国兽医杂志（2）：30.

吕望海，2010.青海省共和县牦牛外寄生虫感染情况调查 [J].贵州畜牧兽医，34 (3)：19-20.

吕望海，李海琴，2011. 共和县绵羊肝片吸虫感染情况调查［J］. 山东畜牧兽医，170（3）：39.

罗建中，陈刚，1984. 贵德县常牧公社绵羊寄生虫调查［J］. 青海畜牧兽医杂志（5）：39-40.

罗建中，陈刚，1984. 骆驼寄生虫调查报告［J］. 青海畜牧兽医杂志（4）：38.

罗建中，陈刚，吴宝山，等，1984. 祁连县牦牛寄生虫的调查［J］. 青海畜牧兽医学院学报（1）：25-27.

罗建中，浦惠兴，史载荣，1981. 祁连县绵羊寄生虫区系调查报告［J］. 青海畜牧兽医（2）：39-46.

罗建中，吴宝山，1990. 岩羊小肠毛圆线虫一新种（小杆目，圆线亚目：毛圆科）［J］. 动物分类学报（2）：154-157.

马秉泉，1985. 称多县牛皮蝇病感染情况调查［J］. 青海畜牧兽医杂志（4）：77.

马豆豆，蔡进忠，李春花，等，2017. 青海省牦牛住肉孢子虫病流行病学调查研究［J］. 畜牧与兽医（5）：149-152.

马利青，陆艳，蔡其刚，等，2011. 青海牦牛隐孢子虫病的血清学调查［J］. 家畜生态学报（2）：48-49.

马良发，1984. 玛沁县军功乡牛皮蝇感染及危害情况调查［J］. 青海畜牧兽医杂志（6）：74.

马睿麟，蔡金山，李连芳，等，2011. 青海海晏牦牛寄生虫区系调查［J］. 中国兽医杂志，47（8）：52-53.

马睿麟，蔡金山，马占全，等，2011. 环青海湖地区羊寄生虫区系分布调查［J］. 黑龙江畜牧兽医（15）：144-145.

马艳丽，2009. 青海省门源县乱海子草原牦牛肝片吸虫病的调查［J］. 中国牛业科学，35（4）：75.

玛多县畜牧兽医站，1984. 玛多县牛皮蝇病调查［J］. 青海畜牧兽医杂志（6）：73.

牦牛寄生虫病科研协作组，1992. 幼年牦牛寄生线虫吸虫动态及防治的研究［J］. 青海畜牧兽医杂志（2）：6-10.

宁鹏，康明，1999. 大通种牛场绵羊胃肠寄生虫调查［J］. 青海畜牧兽医杂志（3）：28-29.

宁屯厚，邓长春，王保春，等，1985. 囊谦县羊寄生虫调查［J］. 青海畜牧
  兽医杂志（4）：36－38.

彭毛，2010. 青海玉树牦牛棘球蚴病的感染情况调查［J］. 中国兽医杂志
  （1）：46.

青海省畜牧厅，1993. 青海省畜禽疫病志［M］. 兰州：甘肃人民出版社.

沈杰，黄兵，2004. 中国家畜家禽寄生虫名录［M］. 上海：中国农业科学
  技术出版社.

苏更登，何生霄，1985. 久治县索乎日麻乡牛皮蝇病调查和防治试验［J］.
  青海畜牧兽医杂志（4）：82.

孙延生，蔡进忠，冯宇城，等，2012. 青海省大通种牛场牦牛皮蝇蛆感染
  情况调查［J］. 畜牧与兽医（12）：70－72.

索南多杰，白元宏，林元，等，2003. 同德县绵羊寄生虫区系调查［J］. 青
  海畜牧兽医杂志（3）：29.

谭生科，2003. 刚察地区牦牛皮蝇感染情况调查［J］. 青海畜牧兽医杂志
  （6）：33.

汪明，2005. 兽医寄生虫学［M］. 北京：中国农业出版社.

汪晓荷，任玫，常建军，等，2019. 海晏县牦牛消化道寄生虫感染情况调
  查［J］. 动物医学进展（10）：127－129.

王奉先，1987. 对青海省牛皮蝇虫种的商讨［J］. 青海畜牧兽医杂志（3）：
  17－18.

王奉先，1989. 从部分调查材料看青海省的囊尾蚴病［J］. 青海畜牧兽医杂
  志（2）：31－32.

王奉先，石海宁，赛琴，等，1988. 中华皮蝇的形态观察［J］. 青海畜牧兽
  医杂志（1）：1－4.

王奉先，朱天鹿，石海宁，等，1988. 中华皮蝇某些生物学特性的研究［J］.
  青海畜牧兽医杂志（1）：7－9.

王启菊，2010. 德令哈市蓄集乡牦牛寄生虫区系调查［J］. 甘肃畜牧兽医，
  40（5）：14－15.

王启菊，晁生玉，杨安圈，等，2008. 青海省海西州天峻县藏羊寄生虫区
  系调查［J］. 中国畜牧兽医，35（11）：130－131.

王英东，1995. 牦牛寄生虫病及其防治对策［J］. 中国牦牛（1）：58－60.

王永科，仓娘盖，阿树鹏，等，2014. 泽库县绵羊寄生虫区系调查［J］. 湖

北畜牧兽医，35（3）：8-11.

文平，李春花，尼丹，等，2011. 刚察县伊克乌兰乡牦牛皮蝇蛆感染情况调查 [J]. 动物医学进展（9）：132-134.

吴福安，李太明，郭玉成，1984. 索乎日麻地区牦牛寄生虫调查 [J]. 青海畜牧兽医杂志（5）：116.

辛有昌，2010. 青海省民和县马营镇牦牛寄生虫区系调查 [J]. 畜禽业（8）：56-58.

兴海县畜牧兽医站，1985. 兴海县牛皮蝇病的调查报告 [J]. 青海畜牧兽医杂志（5）：26-28.

徐天德，催靳勇，华建，等，1983. 兴海县牛皮蝇感染情况调查报告 [J]. 青海畜牧兽医杂志（6）：23-24.

许显庆，王鸿忠，2011. 乌兰县铜普镇山羊肝片吸虫感况的调查 [J]. 青海农牧业，108（4）：6-7.

杨玉林，李春花，谢仲强，等，2011. 达日地区牦牛皮蝇蛆病流行病学调查 [J]. 畜牧与兽医（9）：69-71.

杨占魁，1984. 乌兰县牛皮蝇病调查 [J]. 青海畜牧兽医杂志（6）：73.

殷铭阳，周东辉，刘建枝，等，2014. 中国牦牛主要寄生虫病流行现状及防控策略 [J]. 中国畜牧兽医，41（5）：227-230.

翟逢伊，1984. 人体蚊皮蝇二龄幼虫的鉴别特征 [J]. 动物学研究，5（2）：158.

张浩吉，罗建中，1987. 互助县边滩乡绵羊寄生虫区系调查报告 [J]. 青海畜牧兽医学院学报（2）：25-26，30.

张浩吉，罗建中，1990. 海晏县托勒乡绵羊寄生虫区系调查 [J]. 青海畜牧兽医杂志（3）：21-23.

张洪波，阿树鹏，侯洪梅，等，2015. 青海泽库县牦牛寄生虫区系调查 [J]. 中国兽医杂志，51（10）：48-49.

张志平，胡广卫，赵全邦，等，2019. 三江源地区发现狭头钩刺线虫 [J]. 畜牧兽医科技信息（11）：29-30.

赵成全，郭明佳，李伟，等，2016. 青海省部分地区藏羊肝片吸虫感染情况调查 [J]. 畜牧与兽医，48（3）：134-136.

赵霞，扎西当智，2012. 河南县绵羊寄生虫区系调查 [J]. 青海畜牧兽医杂志，42（1）：34-35.

周春香，蔡进忠，李春花，等，2009. 牦牛隐孢子虫（Cryptospordiun in Yak）研究进展［J］. 青海畜牧兽医杂志（6）：42-44.

周春香，何国声，张龙现，2009. 牦牛隐孢子虫感染调查［J］. 中国人兽共患病学报（4）：389-390.

周春香，张龙现，何国声，2009. 牦牛肠道寄生虫感染情况调查［J］. 黑龙江畜牧兽医（21）：90.

周吉，肖峰，肖华，2005. 都兰县肝片吸虫调查［J］. 青海畜牧兽医杂志（4）：30.

朱发录，赵玉莲，2000. 互助县双树乡绵羊肝片吸虫病流行病学调查［J］. 青海畜牧兽医杂志（4）：31.

朱锦沁，袁生馨，1994. 高原人畜共患病［M］. 西安：陕西人民教育出版社.

图书在版编目（CIP）数据

青海省动物寄生虫名录／蔡进忠，雷萌桐主编 . —
北京：中国农业出版社，2022.6
ISBN 978 - 7 - 109 - 29709 - 8

Ⅰ.①青… Ⅱ.①蔡… ②雷… Ⅲ.①动物疾病—寄
生虫学—青海—名录 Ⅳ.①S855.9 - 62

中国版本图书馆 CIP 数据核字（2022）第 129806 号

中国农业出版社出版
地址：北京市朝阳区麦子店街 18 号楼
邮编：100125
责任编辑：刘　伟　　文字编辑：耿韶磊
版式设计：杨　婧　　责任校对：吴丽婷
印刷：中农印务有限公司
版次：2022 年 6 月第 1 版
印次：2022 年 6 月北京第 1 次印刷
发行：新华书店北京发行所
开本：850mm×1168mm　1/32
印张：3.5
字数：90 千字
定价：36.00 元